Pedro Serrano Rodríguez

Los aliados del Sol

Pedro Serrano Rodríguez

Los aliados del Sol

Eficiencia Energética y Medio Ambiente

Editorial Académica Española

Publisher:
Editorial Académica Española
is a trademark of
International Book Market Service Ltd., member of OmniScriptum Publishing Group
17 Meldrum Street, Beau Bassin 71504, Mauritius
Printed at: see last page
ISBN: 978-620-0-40506-7

Sin embargo, lo que más me ha emocionado en esta historia, es haber subido en la mañana al cerro cercano y mirar desde lo alto hacia el Villorio y ver como casi a un mismo tiempo, con mística natural, salen al patio de cada casa los usuarios de las cocinas y las orientan hacia allá donde ya saben que va salir el sol. El movimiento sincrónico y los destellos de los espejos en todos los patios, indican que la vida aquí ya no será nunca igual, que la vegetación de ese trozo de valle puede descansar y recuperarse, que hay cientos de niños para los cuales el sol es su amigo y su socio en la cocina, y que todos tienen claro que todo se puede, como dijo un día doña Lucía.

LOS ALIADOS DEL SOL

CUENTOS DE GENTE INNOVADORA

EFICIENCIA ENERGÉTICA Y MEDIO AMBIENTE

ING PEDRO SERRANO RODRIGUEZ

EL AUTOR

INGENIERO ELECTRÓNICO DE LA UNIVERSIDAD TÉCNICA FEDERICO SANTA MARIA (1975). DESDE JULIO DE 1994 ES DIRECTOR DE ARTESOL, ARTESANOS SOLARES DE LA V REGIÓN. FUE MIEMBRO DEL EQUIPO DEL PROGRAMA DE ECOLOGÍA Y DESARROLLO SUSTENTABLE DE LA CORPORACIÓN EL CANELO DE NOS. TRABAJA DESDE 1975 EN LA INVENCIÓN Y ADAPTACIÓN DE TECNOLOGÍAS APROPIADAS Y ALTERNATIVAS PARA PROGRAMAS DE DESARROLLO, CON ÉNFASIS EN ENERGÍA SOLAR, USO EFICIENTE DE LA ENERGÍA Y MANEJO DE BIOMASA. HA PUBLICADO VEINTE LIBROS EN LOS TEMAS ASOCIADOS A SU TRABAJO Y DESARROLLADO PROYECTOS EDUCATIVOS DE DIFUSIÓN EN TECNOLOGÍAS PARA LA GENTE EN VARIOS PAÍSES LATINOAMERICANOS.

"LAS OPINIONES EXPRESADAS POR EL AUTOR NO COMPROMETEN A LA INSTITUCIÓN QUE LO EDITA"
"LOS ALIADOS DEL SOL"
PEDRO SERRANO RODRÍGUEZ
SE TERMINO DE IMPRIMIR ESTA PRIMERA EDICIÓN DE 1.500 EJEMPLARES EN EL MES DE OCTUBRE DE 1994.
ISBN: 92 8063123 3
INSCRIPCIÓN: 90398
COPYRIGHT: UNICEF

AGRADECIMIENTOS

Los relatos de esta publicación deben su existencia a personas de distintos lugares de Chile, con quienes originalmente vivimos las experiencias. Estas páginas agradecen el recuerdo de sus presencias, aunque sus nombres no sean reales.

Este libro ha sido posible gracias a la infatigable labor de las mujeres de Casa de la Paz, quienes, con mucho cariño y profesionalismo, editaron los relatos que la componen. También agradezco aquí los comentarios al texto hechos por Leonardo miranda, director ejecutivo de la fundación tecnológica para el uso racional de la energía.

EL AUTOR

En la problemática ambiental la eficiencia energética uno de los grandes desafíos para el Fondo de las Naciones Unidas para la Infancia –UNICEF-presentar este libro es alentador.

Las fuentes tradicionales de energía - los llamados combustibles fósiles están agotándose. Fuentes optimistas señalan que el mundo contara con petróleo durante los próximos 60 años. Los pesimistas piensan que solo durará 40 años en todo caso, la humanidad deberá encontrar nuevas fuentes de energéticas no contaminantes y aprender a usarlas con mesura.

El libro los Aliados de Sol del ingeniero Pedro Serrano, nos abre una ventana al mundo del mañana. Nos muestra como mujeres y hombres de nuestro tiempo pueden solucionar sus necesidades energéticas sin acentuar los efectos negativos que el actual derroche de combustibles fósiles esta produciendo en la biosfera. Estos esfuerzos pueden mejorar la calidad de vida de toda la comunidad, ahorrando recursos económicos y estableciendo nuevas relaciones internacionales. Los relatos del ingeniero serrano nos muestran que quienes optaron por aliarse con el sol se convirtieron en líderes positivos, beneficiando así a todo el grupo humano participante.

UNICEF dedica esta publicación a las niñas, niños, jóvenes y mujeres quienes protagonizan estos relatos. Sobre las espaldas de los jóvenes recaerá mañana la tarea de corregir los desequilibrios que los adultos del presente estamos introduciendo en la biosfera. En una mayoría de los hogares, son las mujeres quienes toman decisiones respecto de la energía para la alimentación y la calefacción. Por ello, son las receptivas a adoptar innovaciones que alivien sus tareas… y sus economías.

Estas narraciones nos sugieren también una nueva forma de consumo que debe incorporarse a la cultura: un consumo respetuoso del impacto ambiental de as decisiones cotidianas, de bien administrar los recursos naturales, de evitar a producción de desechos innecesarios, y así contribuir a una mejor calidad de vida.

KRISTINA GONCALVES
REPRESENTANTE DE AREA DE UNICEF
PARA ARGENTINA, CHILE Y URUGUAY.

ÍNDICE

EFICIENCIA ENERGÉTICA

(O como ayudar al medio ambiente cuidando el propio bolsillo)

El noventa por ciento de los energéticos que usamos los humanos en nuestro planeta son quemados para obtener de allí las transformaciones que deseemos. Sin embargo, las energías que nuestro mundo nos esta costando algo mas que el dinero que pagamos por ella. Esto de quemar combustibles tiene dos consecuencias que, a la larga van costarle muy cara a nuestras civilizaciones. La primera es que todo aquello que se quema vuelve mas, por lo que las reservas de material combustible, como el petróleo, gas natural, o carbón, disminuyen constantemente.

Los árboles usados como leña, -potencialmente un combustible renovable- son cortados hoy en el mundo en mayor cantidad que los que se plantan. En ciertos territorios de chile, cómo en le norte chico, la leña es ya un combustible muy escaso; en otros casos. Ella es extraída principalmente de especies nativas, las que ocasionalmente se reemplazan con pinos insignes y eucaliptos. Esto no da lo mismo, porque cambian los hábitats de especies y flora y fauna asociada a los bosques; se acidifican los suelos y disminuyen la capa de humus o soporte biológico del suelo (Fig. 1).

De esto se deduce que la energía que utilizamos hoy en día es cada vez más escasa.

La segunda consecuencia es que todo combustible al quemarse, aparte del calor que emite, libera al espacio circundante partículas sólidas, vapor de agua y óxidos varios. Quemar es oxidar rápidamente, es decir, unir los elementos con oxigeno. Estos óxidos son todos peligrosos: el CO, por ejemplo, conocido como monóxido de carbono, es venenoso y explosivo. El CO2, conocido como dióxido de carbono, es uno de los gases más

7

nefastamente populares d los últimos tiempos: es el principal causante del "efecto invernadero". Los óxidos de nitrógeno y azufre, que también suelen liberarse al quemar combustibles, al entrar en contacto con el agua atmosférica se convierten en los peligrosos ácidos nítrico y sulfúrico, que forman las llamadas lluvias ácidas. En resumen, quemar combustibles contamina al ambiente (Fig.2).

Si agregamos a esto una tercera característica negativa, como lo es que todos los energéticos cuestan caro, incluidas la leña y la hidroelectricidad, tenemos un panorama alarmante.

En los últimos cien años, que representan solo una pincelada de la historia de nuestra civilización, el uso de de combustibles se ha intensificado, ya hemos aumentado el número de personas. De mil millones de seres humanos en 1870, ahora somos seis mil millones de en esta década de los noventa.

Gracias a la utilización de de sus recursos naturales, Chile produce el setenta por ciento de lo que se consume y debe importar solo el cuarenta por ciento de su energía. Otra ventaja es que el 10% del consumo nacional final de energía es renovable (Fig. 3). Se trata de la energía hidroeléctrica aparentemente limpia, pero que generalmente obliga a inundar territorios, afectando a los vegetales, animales e incluso poblaciones humanas. Para producirla se deben interrumpir con barreras de hormigón los ciclos naturales de corriente de agua y, si el embalse es lo suficientemente grande, puede incluso cambiar el clima de la zona, al aumentar la superficie normal de evaporación de agua en un territorio. Necesidades derivadas del actual modelo económico, y su consecuente sistema de vida, hacen que la demanda de la energía en Chile no se utiliza la energía nuclear más que con fines experimentales y en pequeña escala, las consecuencias ecológicas de de su uso en proyectos energéticos pueden ser mas graves que quemar combustibles. Existen riesgos de accidentes, por una parte, y por otra, no se cuenta con la tecnología segura para la disposición de de desechos radiactivos).

La energía es un bien necesario y caro en muchos sentidos más allá del económico. De algún modo estamos consumiendo en mala forma el futuro que dejamos como herencia a nuestros hijos. Lo que la naturaleza tardo millones de años en producir, como es el caso del carbón y el petróleo nosotros lo estamos despilfarrando debido a la falta de una "cultura de la energía" que asuma estos costos.

Por la llave que queda goteando, por la ventana abierta por el techo mal aislado, por las fugas de calor en las rendijas, por esa casa mal diseñada, por esa olla y esa tetera que hierven de mas, cargadas de agua de mas…

Y también por la luz que se quedo encendida y el televisor que se quedo prendido, por recalentar varias veces las comidas, por ese vehículo mal carburado y escasamente tripulado. Por el semáforo mal sincronizado.

Pero seguimos perdiendo por ese motor viejo y mal ajustado, por la luminaria mal elegida, por el sol que dejamos escapar, por el aire acondicionado, por la leña que quemamos mal, por esa central eléctrica vieja y mal ajustada, por tener iluminaciones fastuosas a horas que nadie las mira, por el tren eléctrico que no usamos, por la bicicleta que olvidamos en el desván.

No olvidemos tampoco la manía del agua caliente o de lavarnos los dientes tonel agua corriendo, o echar a la basura cosas que costaron cantidades de energía sobrecalefaccionar o sobre enfriar los ambientes. Porque resulta que hemos dejado de lado el caminar. Y a ciertas horas, se ven colas de buses vacíos en las grandes ciudades. Por todas estas cosas y muchas más, perderemos una cantidad mayor que la energía que usamos, perdemos el doble de lo que realmente no es útil.

Lo dramático de esto es que todas estas pérdidas se traducen casi directamente en contaminación de nuestro propio territorio, nuestra casa, nuestro aire, nuestras cuencas de ríos caudalosos, y ese futuro que no es nuestro.

Es urgente que todos los chilenos hagamos uso eficiente de la energía. Por el bien de todos y por la preservación de la naturaleza.

Una mirada a los gráficos de consumo y perdidas del país y de cada sector energético indica que, a pesar de existir mermas técnicamente insuperables, una gran parte del despilfarro se podría evitar a través de de tecnologías y de actitudes personales. No solo se evitaría la farra por exceso de uso, sino que disminuirían el consumo y la contaminación resultante.

Ese conjunto de tecnologías –unas nuevas y otras ancestrales-, de actitudes y patrones culturales, se denomina uso eficiente de la energía (Fig. 4). La leña en Chile constituye un caso especial de mal manejo energético. Estimada como un 21% de los consumos totales de energéticos del país, significa, según las estadísticas de 1992, cerca de nueve millones de toneladas de materia vegetal quemada al año (esto incluye los desechos industriales y forestales). Desde los desechos forestales usados como combustible, hasta la corta irracional de árboles y arbustos para hacer carbón y leña, el consumo yareta en el norte y de bosques nativos en el sur, significan un importante insumo APRA el sector industrial (37% de lo quemado). También significa el principal insumo del sector publico, comercio y residencial, que es aquel donde vivimos todos (63% de lo quemado, según balance de la comisión nacional de energía, 1992). El consumo de leña se da principalmente en la población mas pobre del país. Por los hábitos de consumo y por la tecnología que usa este sector resulta ser el combustible con peor rendimiento y el más contaminante. Para los pobres rurales y los pobres de las ciudades más importante, que usan solo leña para todas sus actividades, este combustible representa un problema de proporciones que aun no tiene solución (Fig. 5).

Por todas estas razones y algunas mas, es que debemos cuidar la energía. Hacer uso eficiente de ella tiene hoy día un carácter de urgencia, pero de este tema que afecta nuestras vidas cotidianamente no se ha tomado hasta ahora mucha conciencia en el plano político ni tampoco se ve demasiada preocupación ciudadana.

En Chile gastamos algo más de tres mil millones anuales de energía, de los cuales perdemos un poco más de dos mil millones de dólares. Más de la mitad. Nuestra eficiencia global esta cercana al treinta por ciento.

Esto significa que, por cada mil pesos gastados en energía, los chilenos solo logramos el rendimiento de trescientos pesos y los setecientos restantes se van fundamentalmente en contaminación. Por supuesto que no todas esas perdidas son evitables, ya que existen principios físicos que ponen limite al rendimiento posible. Pero debemos admitir que la gran mayoría son perdidas evitables, con mejor tecnología y también desarrollando una nueva "cultura de la energía". La posibilidad de recuperar tan solo la cuarta parte de la energía que perdemos los chilenos (500 millones de dólares) en todos los sectores, es igual al presupuesto del que el país dispone cada año par5a educación y salud. Equivale también a millones de toneladas de Co2 que se dejarían de emitir a la atmósfera, a millones de litros menos de lluvia ácida, miles de toneladas de partículas que hacen insano nuestro aire. También equivaldrían a un enorme descanso para nuestras fatigadas reservas naturales.

En cuanto al tema de las reservas naturales, nuestros recursos hidráulicos y forestales requieren con urgencia medidas de eficiencia energética, puesto que el impacto ambiental de su uso es innegable. También el petróleo, el carbón, y el gas natural deberán ser consumidos para no derrochar aquello que, en su mayor parte, el país debe importar.

La energía que ahorremos por hacer uso eficiente de ella puede llegar a ser tanto o más grande que todo el potencial hidroeléctrico del país. Con esto se puede afirma que el uso eficiente es, para el país, una importante fuente de energía virtual, limpia y económica.

Ahora bien, hacer uso eficiente de la energía no significa andar a oscuras ni detener el desarrollo. Todo lo contrario. Significa lograr otro tipo de desarrollo, más limpio y mas económico. En este sentido la experiencia de un país industrializado como Francia, que logro, en solo diez años de campaña por el uso eficiente, reducir la factura nacional de energía de 1989 a los niveles de 1973, nos enseña que esto es posible. La lección es que Francia lo logro sin dejar por ello de crecer y desarrollarse: sus habitantes viven en casas

Desarrollarse: sus habitantes viven en casas mejor aisladas, y han adquirido una impresionante cultura energética.

Existen también otras ofertas energéticas interesantes que hoy se utilizan poco. Son las relacionadas con los energéticos no convencionales cuya masificacion de uso será beneficiosa para todos.

Los energéticos que habitualmente usamos en Chile son solo cinco: petróleo, gas natural, hidroelectricidad, carbón mineral y leña (Fig. 6).la energía geotérmica, a la energía solar, eólica o del viento, las microcentrales hidroeléctricas, el biogás, son algunas fuentes de energéticos no convencionales que hoy se usan solo en forma incipiente. Todos ellos tienen potenciales viables medidos en chile, y presentan ventajas de carácter ambiental, de independencia y economía de insumos, renovabilidad y sencillez técnica, que los convierten en una posibilidad futura que también se incluye en la eficiencia energética / (existen, además, otras fuentes aun no cuantificadas como la energía de los océanos olas gradientes térmicas y mareas)

Este potencial no convencional puede ser usado eficientemente, sustituyendo a energéticos caros, escasos y contaminantes. También permiten energetizar aquellas comunidades remotas, que por su ubicación geográfica quedan y quedaran fuera de las redes convencionales de energía de la energía.

La eficiencia energética, aparte de resolver problemas ambientales y económicos, pueden aportar en la resolución de problemas sociales relacionados con la calidad de vida de sus usuarios.

Es en torno a esta temática y las experiencias reales en tecnologías que se han desarrollado con gente de distintas partes de chile, que giran los relatos de este libro.

Todos ellos surgen desde vivencias de personas comunes. Todos ellos resumen los anhelos, esperanzas y trabajos de gran cantidad de gente con las que el autor ha llegado a compartir.

Han sido las personas sencillas, finalmente, los héroes de estas modernas batallas por el medio ambiente.

Algunas de estas historias tienen adornos literarios que intentan convertirlas en un relato entretenido. Algunos de los personajes descritos viven por aquí y por allá. Algunas de esas historias continúan, y otras fueron presa del tiempo y los cambios de toda la vida.

Todas ellas están aquí, como testimonio de que actitudes cotidianas, con tecnología alternativa social y ecológicamente apropiada, es posible lograr la eficiencia energética, y darnos cuenta que la creatividad de la gente, su fe, su empuje, su humanidad y conciencia ambiental, son la base de todo desarrollo en armonía.

BIBLIOGRAFÍA Y REFERENCIAS

- "El sector energía en chile", comisión nacional de energía, diciembre de 1993.
- "Manual para el uso eficiente de la energía en la comuna", P. Serrano, Corporación El Canelo de Nos, Comisión nacional de Energía: Programa uso eficiente de la energía, 1992.2° edición actualizada, Proyecto CUREN.
- "Gestión de Uso Eficiente de la Energía e Impacto Ambiental", P. Serrano, Agrupación de ONGs e instituciones por el uso eficiente de la energía, ARTESOL, Corporación EL Canelo de Nos, CEAM, CETAL, COMTEC, TEKHNE, P y D. 1ª edición, junio 1992.

FIG.1 LEÑA EN CHILE.

9.400.000 DE TONELADAS AL AÑO
6.900.000 TONALADAS LEÑA DE TROZO
61% EN ESPECIES NATIVAS
22% EUCALIPTUS
15% PINO RADIATA
2% MATORRAL NATIVO
48.000 HERTAREAS POR AÑO/ **131** HECTAREAS POR
DIA / **5** HECTAREAS POR HORA/ (**1.141** METROS CUBICOS POR HORA)
2500 TONELADAS: DESECHOS FORESTALES
EL VOLUMEN CORTADOP DE LEÑA:

ES TRES VECES MAYOR QUE AQUEL QUE ES DESTINADO A ASTILLAS
ES **1.5** VECES MAYOR QUE AQUEL DESTINADO A PULPA Y MADERA ASERRADA.

EL PROMEDIO CHILENO DE CONSUMO DE LEÑA ES DE **3.4** TONELADAS POR FAMILIA
 AL AÑO.
EL PROMEDIO DE LOS QUE REALMENTE USAN LEÑA ES DE **6.6** TONELADAS POR FAMILIA
 AL AÑO (SOLO SECTOR RESIDENCIAL)

FIG.2: USO DE CONBUSTIBLES Y SUS COSTOS

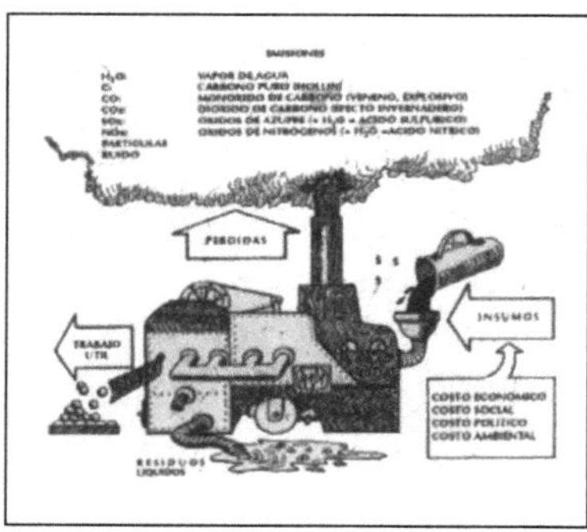

FIG.3: DISTRIBUCION DE ENERGETICOS

RENOVABLES Y NO RENOVABLES EN CHILE (1992)

FUENTE: COMISION NACIONAL DE ENERGIA

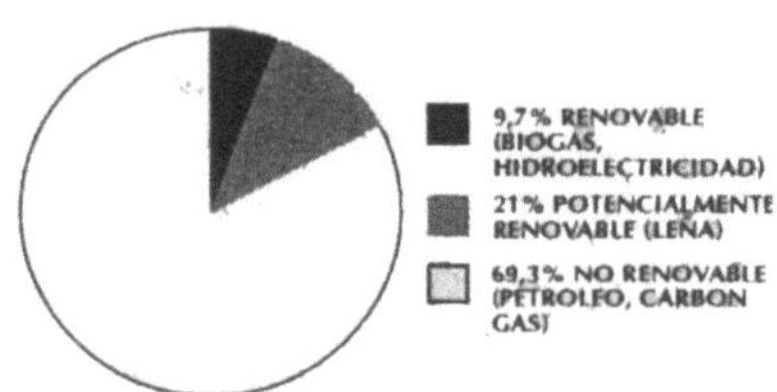

FIG.4: UTILIDADES Y PERDIDAS ENERGETICAS

POR SECTORES EN CHILE (1992)

FUENTE: COMISION NACIONAL DE ENERGIA

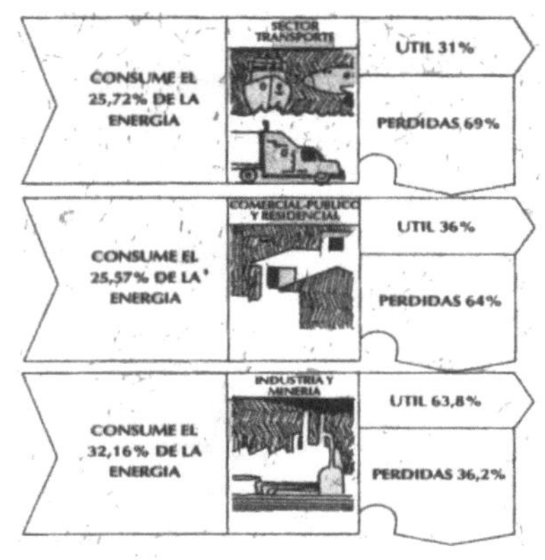

FIG.5: USO DE LA LEÑA EN CHILE (1992)

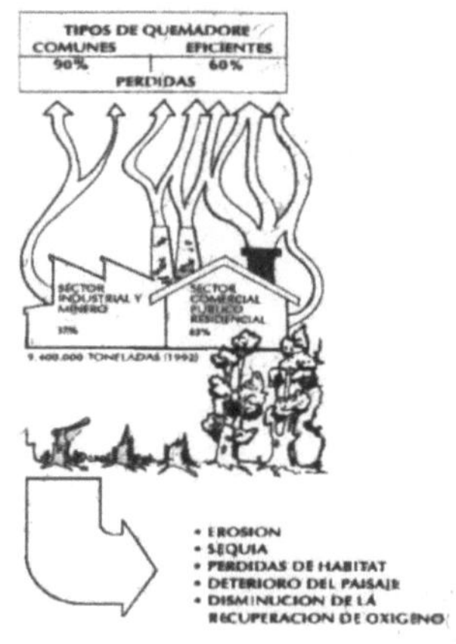

FIG.6: ENERGETICOS Y EFICIENCIA EN CHILE (1992)

FUENTE: COMISION NACIONAL DE ENERGIA

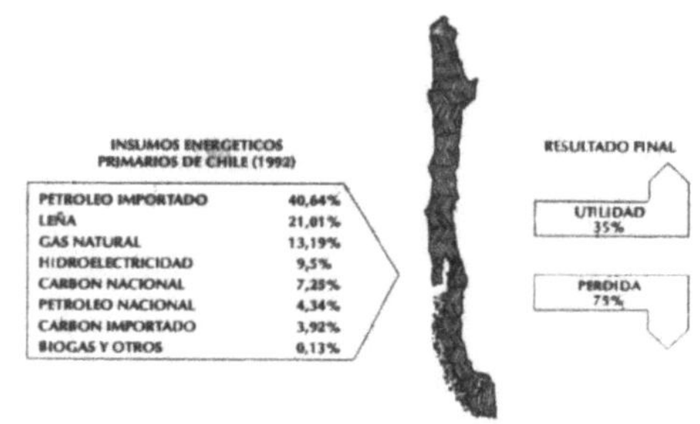

PANES DE SOL

Todavía acuerdo de la cara que puso doña Lucila rojas cundo vio la estrafalaria maquina por primera vez en su vida. También puedo ver su jardín en flor en el último rincón de la comunidad casi pegado al cerro, allí donde la imagen vegetal pareciera un imposible sueño. Se que le pregunte como hacia para tener tan bellas flores en semejante sequedades.

"Todo se puede" - dijo mirando con esa sonrisa franca y abierta que iluminaba continuamente su cara nortina.

"Hubo un tiempo" contaba "cuando yo era niña, que, por estos cerros, allí no mas, crecían las mas hermosas flores, se mantenían los grandes pimientos, los algarrobos y volaban cantidad de que hoy apenas se divisan. Todo era tan lindo cuando le daba por ser primavera. Ahora, mire usted, piedra sobre piedra, esta todo tan seco…, los niños de hoy, aquí solo conocen las rocas".

Casi en la base del peralillo, un cerro imponente, amarillo y duro, se deshace en casitas de tierra, piedra y madera, tras el borde de los últimos parronales, la pequeña comunidad de Villaseca. Como expoliada por el avance de las plantaciones, estas pequeñas poblaciones de setenta familias se debaten entre el desierto seco de los cerros y el desierto verde y toxico de los monocultivos que inundan el valle. Más de un niño ya ha muerto intoxicado, al tomar agua del canal contaminado por pesticidas. Las gallinas viven en estado carcelario, puesto que la que se pasa a los patronales a comer bichos termina muerta. Los pájaros intoxicados por comer granitos son también comunes en los patios de villaseca y ¡pobre del gato! Que se entusiasme con los cadáveres.

El desastre ambiental que provoca el avance del desierto se suma al desastre de los agroquímicos.

El mentado valle del río Elquí ha soportado de todo: El tren a vaporo que despobló de leña los bordes de los cerros. Las destiladoras de pisco que hicieron otro tanto con cientos de de árboles. Las pequeñas fundiciones de metales que, desde la Colonia, también depredaron las reservas vegetales. La invasión de los monocultivos de uva, kivi y tomate, bombardeados con toneladas de agrotóxicos. La histeria histórica del cometa Halley, que al final no se vio y solo dejo su nombre e la esquina de la plaza. Mas la invasión de iluminados, un poco del smog capitalino, encuentran en le valle esa paz sobrecogedora que imponen las montañas, el aire y los millones de estrellas. Tantísimas estrellas, un poco maltratadas hoy por las lámparas de mercurio, atraen astrónomos, astrólogos y soñadores de todo este mundo y, según se cuenta, también de otros.

Así y todo, la gente del valle del Elquí es muy especial. Doña Lucila, entre ellas, escribe poemas en un cuaderno de copias de su hija, y su marido inventa artilugios para mejorar las cosas aprovechando sus manos hábiles y las partes olvidadas de máquinas que andan por allí desparramadas. Todos son calidos y acogedores. Cuando no había luz eléctrica, su calidez se alimentaba del sol y de una Vía Láctea esplendorosa. Hoy día, con luz y, televisión, siguen siendo poetas, pero con un detalle importante, han recuperado el sol para su propia cultura: son gente que cocina hace años con energía solar.

Todo se inició tiempo atrás, en la década de los ochenta. Villaseca era una comunidad que, aparte de hacerle enormes honores al nombre, no tenía agua de ningún tipo, ni tampoco energía eléctrica. De noche las calles oscuras, solo recortaban los rectángulos amarillos y mortecinos de las velas de los noctámbulos. La vida era dura como el propio suelo, pero las vidas duras suelen tener caracteres duros con mucho temple. Fue gracias a la oscuridad, a la perseverancia y a la organización, que Villaseca comenzó a tejer su propio progreso, de a poco, pero don decididos pasos.

Si mal no recuerdo, primero fue el agua. Lilian Olivares, asistente social de la municipalidad, con su cara de andares y su figura mistraliana, me contó los meses de trabajo de reuniones, tramites y sinsabores que significaron para la comunidad los primeros desafíos. Cuando finalmente tuvieron el agua, el milagro de lo conseguido recupero la fe de la gente en su organización. De allí en adelante todo siguió siendo difícil como antes, pero tenían ya la confianza en lo eran capaces de lograr estando juntos.

Vino luego la energía eléctrica, la luz en las calles, las series de televisión y las telenovelas de la tarde. A esa altura los vecinos de Villaseca eran mas amigos y tenían mas confianza en si mismos que antes. Por eso, cuando parecieron pon por allí María, Teresa, Gloria y Elvira, del lejano INTA de Santiago (Instituto Nacional de Nutrición y Tecnología de los Alimentos), con su vagón de sueños para el desarrollo, la comunidad de villaseca ya sabia que nada era imposible "-Todo se puede-" había dicho en ese entonces la señora Lucila.

Hablando de nutrición, poquito a poco, sin empujar apareció el tema de la energía para cocinar. Si bien el gas licuado era un asunto conocido y algunos de ellos tenían cocinas a gas, estas se usaban poco, puesto que el dinero era mas bien escaso; el combustible mas usado era la leña.

Como podrá el lector imaginar, por esos lares la leña, a pesar de ser gratis en dinero, era un combustible escaso; había que caminar tardes enteras para conseguir la carga de un día. Este asunto no solo costaba tiempo a la familia, sino que tenía una enorme cantidad de efectos laterales que afectaban al entorno del valle y el ambiente de las viviendas. El humo nunca ha sido buen amigo de la piel, de los pulmones y de las ropas. Tampoco ha sido amigo de las ollas y del sabor de las comidas.

Cuando en un congreso científico en Viña del Mar, a quinientos kilómetros de distancia de Villaseca, las profesionales del INTA plantearon lo de las cocinas solares, fueron muchos serios ingenieros los que se rieron de ellas. También cuando se soslayo, se planteo esto en la comunidad de Villaseca, la gente quedó mirando al grupo de santiaguinos como quien mira encantado a un encantador de serpientes. Valga aquí un paréntesis para explicar que las cocinas y hornos solares son tan antiguos como Leonardo; y algunos d3 sus principios tan remotos como el sabio Arquímedes. Modelos de esta tecnología se han probado muchos: caros, baratos, locos e ingenieros. Lo que debe quedar claro en esta historia es que ninguno de estos maravillosos inventos funcionaria en Villaseca con solo llevarlo. La experiencia indicaba que los detalles más relevantes de la tecnología deberían salir de la gente del lugar. En resumen, había que inventar, recrear, probar y desarrollar a partir de de ellos una tecnología nueva, en ese lugar y en sus condiciones reales. Solo así se podría asegurar un éxito aún incierto.

Las dudas sobre los materiales llevaron a desarrollar dos propuestas iniciales, una en papel encolado y otra en cemento. Esta ultima era una verdadera monstruosidad, ya que su peso la hacía inmanejable.

Mientras los experimentos se probaban en ConCón, Quinta región, allá en villaseca la idea seguía su curso. Lento pero seguro. Las cocinas solares se comenzaron a mencionar como quien no quiere la cosa. En cada lugar la vida tiene su ritmo y todo sucede con la velocidad apropiada. Se propuso a la comunidad realizar una experiencia de evaluación técnica de algunos modelos de cocinas y hornos solares, solo como un ensayo en terreno que interesaba como evaluación. La gente que estuviera interesada en hacer este trabajo lo haría como un aporte a la ciencia y seguiría una estricta pauta de evaluación.

La intención metodologica era hacer aparecer las cocinas en Villaseca como un asunto e estudio y prueba, sin mayores condiciones. Lo que estaba implícito era darlas a conocer de a poco y obtener los datos que la propia gente aportaría para realizar los modelos más definidos.

Entretanto con Mario Aballay, inventor de santiago, se terminaban unos grandes hornos solares de tipo familiar, que acompañarían en la experiencia a un horno más pequeño creado por Víctor Pinto, estudiante de la universidad de chile. Con todos estos personajes conformábamos una cofradía de excéntricos que se habían juntado a para poner nuestras ideas e innovaciones al servicio de de la causa solar de Villaseca.

El día en que llego a Villaseca la Catramarca, la vieja zombi, cargada de extraños artilugios, el sol estaba radiante allá arriba, mientras la comunidad esperaba para ver lo nunca visto. Todos ayudaron a bajar las piezas y también a armarlas. El resultado fue mirado con curiosidad y escepticismo por los presentes: aquellos muebles más bien parecían tramoya de una película de OVNIS que algo que efectivamente cocinara y menos aún con el sol.

La primera reacción conocida sobre el uso de las cocinas solares en villaseca la contó una protagonista en asamblea de vecinos:

Doña Alicia Salazar salió a la mañana siguiente al patio de atrás de su casa, para realizar la rutina inicial de su contrato como experimentadora. Ella tenía allí una cocina de parabólica hecha con papel encolado montada sobre un soporte de madera (fig.7). Puso, de acuerdo a las instrucciones, una olla con porotos en agua y apunto la maquina al sol tal como se le había enseñado. Miro la maquina y por un momento pensó si no estaba haciendo el loco con todo esto, porque la verdad era que ella no que creía en algo así fuese capaz de cocinar ni una papa. Se fue para adentro a seguir con sus cosas y preparo de todos modos la comida de la casa en su sistema normal, no fuera que hiciera el requeteloco con su familia también. Veinte minutos mas tarde salio a mirar que podría estar pasando allá afuera y encontró la olla hirviendo a borbotones.

Mas tarde contaría que su primera reacción fue salir corriendo, luego pensó salir corriendo igual, pero para llamar a la vecina, luego quiso gritar, pero se puso a reír, Cuando quiso llorar, solo atino a dar saltos cortitos en torno a la cocina. ¡Magia! Allí sin, sin nada aparentemente bajo la olla, tenia unos porotos hirviendo a todo dar.

Lilian, María Teresa, Gloria, Elvira y nosotros mismos, tuvimos muy claro que para incorporar una cocina solar a la cultura de Villaseca había que hace previamente un gran esfuerzo de investigación, educación y participación de la comunidad, para lo cual se contó con un pequeño apoyo de la UNESCO. Es interesante destacar que esta historia –como se ve fue tejida casi enteramente por manos de mujeres.

Con los hornos las cosas fueron más tranquilas, Eran aún más lentos poco y menos extraños que las cocinas. Las cajas vidriadas de los hornos con su embudo apuntando al sol eran lejos menos espectaculares que las cocinas de parabólicas, llenas de espejos.

Todos a esa altura apostaban que no se podría hacer un queque, asunto por lo demás muy importante, puesto que la actividad de pastelería doméstica en Villaseca era prácticamente imposible dadas las condiciones energéticas. Una torta consume mucho gas y solo se hacia para las grandes ocasiones.

Luego de la primera reacción de escepticismo vino de un periodo largo de curiosidad, observación, preguntas copuchas y cuentos en el cual participo toda la comuna. Mientras Lucila se atrevía con los primeros panes y queques solares en su horno, ganando la apuesta general, Alicia hacia regularmente los experimentos que exigía la guía del trabajo.

Ahora siempre había alguien mirando, de cerca o de lejos. Las monitoras habían pasado a ser personas privilegiadas y eso estaba sacando algunas ronchas en la comunidad. El asunto que, en un tiempo relativamente corto, para nadie eran indiferentes las extrañas maquinas que todas las mañanas se orientaban para buscar el sol.

Un par de mese después las cocinas solares estaban definitivamente legitimadas ante la gente y había sorpresas interesantes. Habían descubierto una técnica para hacer pan y queques en las ollas de las cocinas parabólicas, algo que jamás se me ocurrió factible. El marido de de Lucila había incorporado bajo el horno una pieza de bicicleta que facilitaba su orientación al sol (fig.8). Habían mejorado el sistema de manivela para alzar el reflector de las cocinas y también habían perfeccionado las ruedecillas que permitían girar los muebles. Finalmente habían decidido que se harían cocinas parabólicas para un montón de familias que se habían convencido mirando.

El ahorro de leña era evidentemente una de las cosas más atractivas: poder hacer tortas había sido lo máximo. También era interesante el prestigio que acompañaba a los poseedores de cocinas. El asunto es que la reunión de esa semana giró en torno a como obtener las treinta y dos cocinas parabólicas que se necesitaban para las treinta y dos familias que estaban en el acuerdo organizado. La mitad del pueblo quería tener cocinas, lo cual era desde ya un éxito de proporciones.

Claro que en un buen proceso de autoayuda de la comunidad nada se regala, así es que aquí comenzó otra parte de la historia. La comunidad debería conseguir los fondos como para construir sus propias cocinas solares en forma compartida y organizada. Partieron los bingos, las rifas, las entrevistas. Las cartas y los pequeños negocios. Todos los esfuerzos necesarios se hicieron para conseguir los materiales y complementar los reducidos fondos de proyectos del INTA. Esto por supuesto tuvo la mayor importancia, puesto que llegar a tener cocinas solares fue un esfuerzo de la comunidad organizada, donde todo costo su cuota de sacrificios. Así, las cocinas que al final resultaron fueron patrimonio de todos, y como tales, fueron queridas y cuidadas. Pero me estoy adelantando aquí con la historia.

Con todos los datos reunidos por las monitoras, las sugerencias de la gente, mas lo observado y algunos gramos de sentido común, fue posible con el diseñador Luís Seguel abocarse a definir el modelo de cocina solar más apto para Villaseca (fig.9ª, 9b).

La tecnología había funcionado bien. Ahora es necesario diseñar un objeto que recogiera las observaciones, y que fuera fabricable en la comunidad, ojalá con herramientas simples y materiales que pudiesen comprarse en Vicuña, a solo ocho kilómetros de allí.

Fue un largo me de trabajo en la oficina de ARTESOL, "Los Artesanos Solares" en Concón, para finalizar los planos y el prototipo con el cual se haría el taller en Villaseca.

Un mes después llego nuevamente a Villaseca la Catramaca cargada de palos, moldes, moldes de trazado, corte y herramienta. Las primeras cáscaras parabólicas para los reflectores, en otra sufrida epopeya, habían sido enviadas desde Santiago.

En la sede comunitaria se organizo un taller de carpintería, metales, pintura y montaje. Parte por parte, pieza por pieza en un alinea de montaje parecida a la de cualquier industria, los villasequinos, en su mayoría mujeres, fueron capaces de construir martillo en mano, en una semana, la insólita cantidad de treinta y dos cocinas solares parabólicas. Eran idénticas al modelo, con novecientos espejitos, meticulosamente pegados a mano en cada una, con su pintura amarilla y parrilla metálica.

Más de tres años de trabajo de organización y educación y solo una semana de tecnología en terreno, pueden dar una idea de la proporción de las cosas. Si a esto se le agregan kilos de fe, cientos de horas profesionales y espirituales, una cantidad de gente que trabajo solo por la causa, incluso sin beneficio económico y lejos de sus familias, se puede conformar un panorama que explica la buena estrella del proyecto. Los tranquilos habitantes de Villaseca se atrevieron, creyeron y lucharon por mejorar su situación energética plenamente consciente de que con eso mejoraban su calidad de vida y la de su entorno.

Han pasado varios años desde entonces (1990) y muchas cosas han ocurrido. Existen hoy en día mas cocinas, se han construido cientos de hornos portátiles para otras personas del valle, especialmente para aquellos que suben a las veranadas en los pastizales de la alta cordillera.

Lucila y Alicia llegaron dos años después a la II Feria Internacional del Centro El Canelo de Nos, en San Bernardo, A fabricar panes y pintar el asombro de la gente que venia a ver la creatividad popular y las tecnologías alternativas.

Hoy en día Villaseca esta incluso en las rutas de las empresas de turismo, con las que llegan hasta allí japoneses intraducibles y gringos blancos como pantrucas con sus cámaras de video, a ver el milagro del sol del sur.

Sin embargo, los que mas me ha emocionado en esta historia es haber subido en la montaña al cerro cercano y mirar desde lo alto hacia el villorrio y ver, como casi a un mismo tiempo, con mística natural, salen al patio de cada casa los usuarios de las cocinas y las orientan hacia allá donde ya saben que va a salir el sol. El movimiento sincrónico y los destellos de los espejos e todos los patios indican que la vida aquí ya no será nunca igual, que la vegetación de ese trozo de valle puede descansar y recuperarse, que hay cientos de niños para los cuales el sol es su amigo y su socio en la cocina, y que ya todos tienen claro que todo se puede, como dijo un día doña Lucila.

BIBLIOGRAFÍA, ACTORES Y REFERENTES.

- Comunidad de Villaseca (8 kilómetros de Vicuña entrando por planta Capel). Lucila rojas, Alicia Salazar, etc.
- INTA, Instituto y Tecnología de los Alimentos Universidad de Chile, Macúl, Santiago. Maria Teresa Guzmán, Gloria Jury, Elvira Duran. Fonos: 02-2211499, 02-2216337, fax 02-2214130.
- ARTESOL, Artesanos Solares, Concón, Viña del Mar, Chile. Pedro Serrano, Luís Seguel, Mario Allabay. Fono 032-812137, fax 02-813229.
- Corporación el canelo de nos, feria internacional de la creatividad popular, tecnologías alternativas y medio ambiente, segunda versión, 1992.Av.Portales 3020, San Bernardo, fono: 02.-8571943, fax 02- 8571160.
- Contribución de la Mujer, Especialmente en Zonas Rurales, al Desarrollo, Uso y Adaptación de Nuevas Tecnologías, Cocinas Solares". Maria Teresa Guzmán, Elvira Duran, Gloria Jury, INTA, 1988.
- Cocinas Solares, Transferencia Cultural de la Tecnología". P. Serrano, ARTESOL, 1988.
- Criterios de Diseño de Cocinas Solares", M. Aballay, P. Serrano, Canelo de Nos, SENESE VI, Universidad de la Serena, 1990.
- COMO HACER: libro "artefactos solares simples", Ed. FUCOA, Fundación de Comunicación del Agro, Santa Rosa 83-D, Santiago, fono: 02-6339606.

FIG.7: COCINA DE PRUEBA COCINA CON PARABOLA DE PAPEL

FIG.8: HORNO SOLAR DISEÑADO POR MARIO ABALLAY

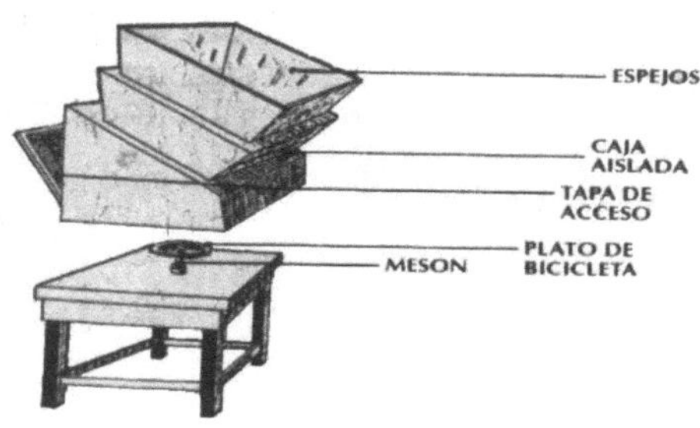

FIG.9-a: APORTES DE LA GENTE AL MODELO CS-05

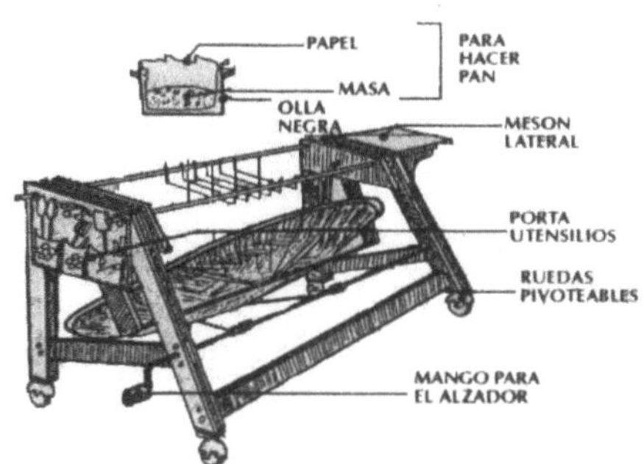

FIG.9-b: EL ESPEJO REFLEJA EL SOL EN LA OLLA.

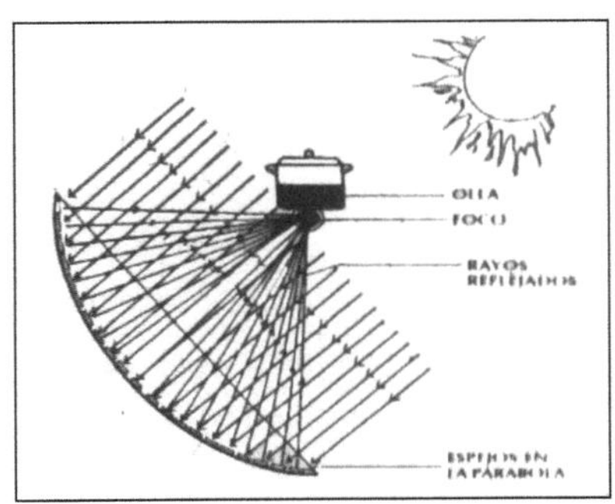

LAS BRUJAS DEL TANGO

Calera de tango es una pequeña comuna en el borde su r de Santiago de Chile. Todavía se conserva allí algo de la vida campesina de antaño, sin embargo, las transformaciones del agro, la llegada del trabajo por temporadas, el fin de la agricultura de huertos y chacras, han traído cambios profundos en su gente y sus costumbres. La vida actual de los temporeros de la fruta no se nada fácil y la mayor parte de los que allí viven trabaja en esto.

El centro El Canelo de Nos esta solo a un par de largos kilómetros de Calera de tango y tal vez fue por eso que en e Programa de tecnologías hicimos un convenio con el Policlínico de la comuna par5a trabajar asuntos de desarrollo con un grupo de mujeres de la Junta de Vecinos.

La oferta de las posibilidades para compartir en este caso estaba clara y las vecinas de Calera de tango visitaron, conversaron, se pasearon, vieron, tocaron, y pensaron lo que tecnológicamente estaba disponible para aprender. De todo lo visto había algunas cosas que coincidían con el diagnostico del policlínico local y lo que la propia gente encontró interesante.

Clara trabajaba en una empacadora. Era una mujer alta y delgada, con decisiones firmes, que compartía las labores de su casa con sus ganas de salir al mundo y laborar para aportar a la economía del hogar. L trabajo en la empacadora no estaba mas pagad, pero era muy rutinario y cansador. La cinta traía incontables frutos, uno tras de otro, de diversos tamaños y de un color uniforme. Clara debía estar alerta a los tamaños y las deformaciones y sacarlas rápidamente de la cinta. No debía equivocarse nunca y eso la mantenía nerviosa y estresada. El turno duraba ocho horas con solo un descanso de media hora para almorzar.

En la hora de colación surgía el problema de calentar la comida, puesto que eran muchas operarias y no había como cocinar nada para tanta gente. La solución era comer frío o usar una cocina bruja, pero de esto Clara aun nada sabía.

Clara tenía carácter de líder y siempre en su comunidad estaba dispuesta a aprender cosas nuevas y a compartir con sus vecinos. Esto fue muy importante para lo que vino después.

Teresa trabajaba tenía cuatro niñitas, todas pequeñas, por lo que trabajar fuera de casa se tornaba en algo casi imposible para ella. Teresa soñaba con hacer algo más que la rutina de la casa. Cosía a maquina las ropas de las niñas y sabia cocinar con muy buena mano las mejores mermeladas. El día se le iba en a cocina vigilando que nada se quemase o que nada se subiese, métale revolver y métale trajinar, siempre preocupada de las cosas sobre el fuego. Una cocina bruja era justo lo que mas necesitaba, pero eso tampoco Presea lo sospechaba aún.

María trabajaba en el policlínico. Todos días dejaban a su hijo en el colegio y llegaba corriendo al poli para laborar allí toda la mañana. Al mediodía debía volver corriendo a buscar a su hijo y llegar a casa a cocinar algo rápido para todos, puesto que el marido llegaba a cocinar algo rápido para todos, puesto que el marido llegaba a almorzar puntualmente desde un campo cercano donde trabajaba.

Tanto correr tenia a María con los nervios de punta y muchas veces pensaba en dejar el trabajo, pero su precaria noción de libertad económica la hacia arrepentirse. María tampoco sabía que una cocina bruja podía ser su solución. Ni se le ocurría siquiera que existiese.

La verdad es que las cocinas brujas son la mar de antiguas. Mi primer contacto con ellas fue en la década de los setenta, allá en Valparaíso. En un libro amarillento y despeinado de tanto uso, el recetario de la Tía Pepa, de por allí por mil novecientos veinte, traía la descripción de un procedimiento para hacer el arroz y mantener calientes las comidas de cocción lenta. La descripción era simple: consistía en colocar en una caja la olla ya hervida y rodearla de trapos, telas viejas y colocarle arriba un cojín. Esto, según la Tía Pepa, dejaba las comidas en su punto y sin quemarlas, las mantenía caliente por mucho tiempo.

Las cocinas brujas estaban de todas formas en el conocimiento popular. Una señora de Viña del Mar, entradita en años por ese entonces, ame dijo - "pero si en mi casa yo hago algo bien parecido a esto para hacer el arroz, me lo enseño mi mamá envuelvo la olla con papeles arrugados, incluso meto los papeles en pantíes viejas para que no se desparramen, y funciona rebién"-.

Eso era, los aislantes mientras más livianos mejor y el papel arrugado, aunque cargado de noticias, es un excelente aislante. Aislar es la palabra clave en esto de las cocinas brujas, aislar para que no se escape el calor contenido en los alimentos.

Me toco diseñar una cocina bruja en cartón de embalaje y papel corrugado que llego a ser todo un éxito. Ya en el primer año de la década de los ochenta las cartillas y cursos sobre cocinas brujas comenzaban a circular por todo Chile.

Las cocinas brujas, a partir de esos tiempos, intentaron tomarse el espacio de la eficiencia energética, buscando al aparecer en todos los medios de difusión, revistas, diarios y televisión. Según la experiencia de varios años de evaluación, una cocina bruja usada bien permite ahorrar un balón de gas de 15 kilogramos al mes o su equivalente en leña, electricidad o parafina (8.5 dólares). En chile se llega así a la suma posible de tres millones de de balones de gas equivalentes energético al mes en ahorro familiar: fantástico si se piensa en el ahorro, pero pecado de mercado si se piensa que esa energía ahorrada significa nada menos que US $ 25.000.000.- ¡Veinte y cinco millones de dólares al mes! Imagínese el lector una utopía en que los chilenos, bien organizados y educados, podríamos ahorrarle al país y a nuestros bolsillos particulares la hermosa cantidad de trescientos millones de dólares al año. Exactamente el 10% de la energía que consume Chile al año. no es difícil también pensar que trescientos millones de dólares potenciales de ahorro al año equivaldrían, en un supuesto no muy lejano de la realidad, a trescientos millones de dólares menos en ventas a los comerciantes de la energía, y esto puede ser francamente peligroso.

Hago ese paréntesis puesto que, a mas de diez años del inicio de los intentos por masificar la información sobre las cocinas brujas, son contados con los dedos de la mano quienes las usan cotidianamente en un barrio cualquiera de nuestro país. La cocina bruja no es un bien apreciado en una economía de mercado como la nuestra, y no hemos sido capaces de hacer la nuestra, y no hemos sido capaces de hacer la campaña de convicción nacional con la publicidad suficiente.

Cuando se iniciaron los cursos de Calera de Tango, en 1990, había ocho mujeres de la junta de Vecinos dispuestas a conocer las nuevas tecnologías domesticas. Por supuesto, Clara, Teresa y María eran parte del grupo. Entre otras cosas, las cocinas brujas fueron temas de interés general.

Las primeras cocinas las hicieron para sus ollas favoritas usando cartón y papel, con entusiasmo y oficio, pero hay que reconocer que les faltaba mucho para quedar bien. La semana siguiente, tocaba repetir el ejercicio, hubo sorpresa: se habían puesto de acuerdo y llegaron con sus cocinas brujas en papel y cartón perfectamente cortados y forrados en tan lindas telas que parecían chiches. Ese día, todos contentos, nos dedicamos a cocer papas y arroz y casamos las primeras conclusiones de utilidad domestica:
-Bastaba con hacer la comida justo notes que el hervor fuese claro y definido.
-De inmediato se colocaba la olla en la cocina bruja y se tapaba con su tapa aislante.
-A partir de ese momento, apagado el gas, la comida al interior de las cocinas brujas se mantenía caliente y es mas, dado que bajaba lentamente su temperatura, los alimentos seguían cociéndose, puesto que la cocción se produce sin usar otra energía que la contenida en el propio aliento caliente, ello constituye una de las claves del ahorro energético.

Ese día el arroz quedo de maravillas, en cambio las papas se pasaron. Las papas se habían hecho puré, puesto que estuvieron demasiado tiempo dentro de la olla sin otro alimento que ayudase a regular la cantidad de calor. Con esto las participantes de la Junta de vecinos aprendieron que, para usar bien las cocinas brujas, había que tener claro los tiempos de cocción de cada alimento. Para esto existen tablas especiales y el mismo usuario puede confeccionar una a partir de su propia experiencia. De todos modos, cada uno tiene su forma de cocinar y el asunto cambia con los estilos y cantidades. A mayor cantidad de alimentos en la olla mayor posibilidad de acumular calor en ella misma.

A pesar de que las cocinas brujas en cartón y papel comenzaron ser usadas y asimiladas por el grupo de mujeres, resulta ser que el cartón y el papel no son materiales que soporten bien los manejos de una cocina de una cocina. El agua, el vapor, los derrames y los maltratos terminaban por hacer de las cocinas bujas de cartón una herramienta útil pero perecedera.

El siguiente paso del curso fue construir una cocina bruja más tecnificada, utilizando un material aislante de alto rendimiento que se vende en cualquier en cualquier parte. Se trata del poliestireno expandido usado en los embalajes, los hormigones livianos y las aislaciones de las viviendas. Como material aislante es excelente, soporta as de cien grados Celcius, es fácil de cortar y pegar con herramientas simples. Este material es cuestionado ecológicamente, porque en su fabricación se utilizan clorofluocarbonos que destruyen la capa de ozono. Lamentablemente no hemos encontrado una mejor solución.

El desafío que nos plateamos estaba en lograr una cocina bruja cilíndrica usando una plancha recta de poliestireno expandido, en que cada cilindro fuese de la medida exacta de su respectiva olla. Esto geométricamente tiene una solución fácil, fácil para el que sabe geometría. Por esto habíamos inventado toda una metodología para enseñar a medir y trazar todas las piezas necesarias sin equivocarse, a partir de la circunferencia de la olla (fig.10).

Las cosas hasta aquí marchaban bien. Clara, María y Teresa usaban diariamente las cocinas brujas y se estaban dando cuenta de asuntos importantes derivados de su uso:

-Clara, con una buena dosis de inventiva, se había hecho una cocina bruja chiquitina, tamaño colación, con la cual podía ir a la planta empacadora con la comida preparada a las siete de la mañana y al medio día tenia la mirada atenta de las demás mujeres tenia comida caliente y cocina.

-Teresa se había hecho la cocina bruja más grande de todas y había logrado conciliar sus trabajos cotidianos con las preparaciones de la comida para el familión, a las nueve de la mañana, sin ocupar más de veinte minutos en el proceso. El resto lo hacia la cocina bruja. Con esto tenia todo el resto de la mañana para hacer las cosas mas tranquil e incluso quedaba con mas tiempo para ella misma, asunto que con las semanas comenzó a tener mayor importancia en su relación renovada con su marido, quien la encontraba, día a día, más tranquila y cuidada de si misma.

-De paso, Teresa había descubierto para hacer mermeladas usando su cocina bruja constituía un impresionante ahorro de energía y de tiempo, puesto que ya no tenia que estar hasta cuatro horas revolviendo la mermelada a fuego lento. Le daba un hervor de 10 minutos y la ponía simplemente en la cocina bruja cuatro a cinco horas y la mermelada estaba requetecocida, sin pegarse ni quemarse. Una breve puesta a punto de diez minutos y se había ahorrado cuatro horas de gas… y de su tiempo.

Este descubrimiento de Teresa tendría después la mayor trascendencia pata parte del grupo. -Por supuesto a María también le cambió la vida. Podía ir tranquila a trabajar al policlínico sabiendo que e casa se estaba cocinando lentamente la comida sin peligro para nadie, de modo que cuando llegaba con su hijo del colegio solo era cosa de destapar y servir. Su marido solía llegar un poco mas tarde, as que María tapaba de nuevo la olla rápidamente. Con esto de ahorraba el tener que recalentar la comida, lo que significaba un nuevo aporte a la economía del hogar.

Lo que jamás de supo fue de donde salio el nombre de "Cocina Bruja", puesto que ya en el recetario de la Tía Pepa venía así. Se trato con el tiempo de bautizarla" Olla Bruja", "Cocina Mágica", "Economita", y varios otros nombres que los creativos de diferentes organizaciones iban inventando. El asunto es que la tradición popular pudo mas y hasta hoy se llaman" Cocinas Brujas".

La historia de Clara, Teresa y María con las cocinas brujas no termino aquí. Resulta que, a Clara, como líder que era, en su trabajo rutinario en la selección en la empacadora, un día cualquiera se le iluminó el futuro, al ver la cantidad de fruta fuera de tamaño y forma que ella misma iba desechando en un gran cajón. Pensó que no les iría mal en el grupo si negociaban parte de esa misma fruta y se ponían a hacer conservas y mermeladas usando la la cocina bruja. Le pareció que podría ser u negocio redondo para un pequeño grupo.

Así con el correr del tiempo, las tres amigas comenzaron a montar, de modo informal, una pequeña microempresa de mermeladas y conservas de frutas que, poco a poco, comenzó a vender sus productos en ferias y boliches. Clara lideraba con mucha democracia el grupo en el cual participaban solo las tres mujeres de esta historia, puesto que las microempresarias cuando son pequeñas de verdad funcionan muy bien, sobre todo si existe un lazo de amistad entre quienes la componen. De paso Clara propuso al grupo fabricar cocinas brujas a pedido a y a medida, para aquellas personas que, impresionadas por los resultados a la visa, preguntaban donde conseguir una. Así fue como nació en Calera de Tango una microempresa sin apuros ni presiones, alternada por lo cotidiano.

Todo esto ha sucedido y sigue sucediendo con altos y bajos. Como ocurre en toda empresa humana.

BIBLIOGRAFÍA, ACTORES Y REFERENCIAS.

- Cocinas brujas, como ahorrar el 10% de la energía que se consume en Chile", P. Serrano, Revista El Canelo, año IV, N° 28, octubre 1991.
- Balance, Comisión Nacional de Energía, Chile, 1990.
- Programa de Tecnologías Alternativas, Canelo de Nos, 1990, Andrea Uribe, Oscar Núñez.
- COMO HACER: Cocinas Brujas, Cartilla "Canelo de Nos, fono: 02-8571943
- Cocinas Brujas Comerciales. Solicitar a: ARTESOL, fono: 032-812137

FIG.10: TIPOS DE COCINAS BRUJAS

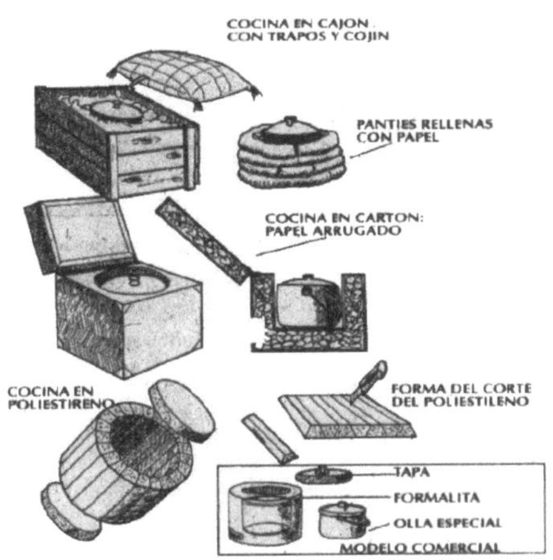

LA LUZ EN LA CALETA

El pejesapo miraba al horizonte infinito en el Pacifico, desde la ventana de su casa en construcción. Mirar al mar tiene la virtud de abrir la mitad del universo hacia un mundo por descubrir, a un mundo invitante y misterioso, hecho de agua profunda y azul. Tal vez por miles de años esa misma mirada que hoy tenia El pejesapo pobló los parpados de los aventureros de toda época, que dejaban a sus espaldas las rocas, los cerros, el mundo sólido y seguro, por buscar la libertad inconfesable de recorrer lo húmedo e incomprensible, montados en una especie de casa invertida, frágil y casi a la deriva.

El pejesapo cambio la vista hacia las otras casitas en construcción, sobre los roquedales y el duro suelo seco del lugar. Habían llegado allí por mar, como descubriendo una nueva tierra. La pequeña entrada del océano, por mucho tiempo, fue una caleta para los pescadores mas aventurados, caleta en el sentidote abrigo provisorio o lugar donde resguardarse del mal clima, de la noche que caía demasiado pronto o demasiado lejos de casa.

Las tablas y los bultos habían llegado por tierra, atravesando caminos inexistentes y polvorientos, `por una región árida y desolada, a kilómetros de la Carretera Panamericana Norte.

Quince eran las familias que se habían trasladado a colonizar la caleta. Se vinieron por que sus caletas de origen estaban llenas, porque la pesca estaba cada día más escasa y, porque no confesarlo, se vinieron también por esa misteriosa voluntad del cambio a lo incierto, que anima a los humanos a internarse a lo desconocido y salir de lo supuestamente seguro.

Los niños más pequeños y algunas mujeres se trasladarían cuando todo estuviese más equipado. Aquí en la nueva caleta estaba todo por resolver; no había agua dulce a kilómetros a la redonda, la traía el camión una vez por semana y les cobraba una fortuna. Al andar, de algún modo el camión semanal estaba haciendo el camino inexistente, y era seguro que se convertiría en chatarra en poco tiempo. Tampoco había energía eléctrica ni abastecimiento de ningún tipo que no fuera a la pesca y lo que el mar generosamente daba. El camión traía todo y también se llevaba todo, puesto que comercializaba la mayor parte de lo pescado.

Era toda una vida por hacer, pero el pejesapo y los suyos estaban contentos y trabajaban felices como todos aquellos que saben que están trabajando solo para si mismos y en plena libertad.

Ocho bongos esperaban equipados con espineles en la playa de piedrecillas ubicada allá abajo, entre ellos y escarpados requeríos. Encontrar la boca de la pequeña caleta desde el mar y sin luz era algo prácticamente imposible. Salían de madrugada y oscuro, quien quisiese volver antes debía esperar el amanecer para ubicar la rada.

Estando todo por hacer, el pejesapo tenia claro que era indispensable formar un sindicato de pescadores artesanales cuanto antes, con el fin de asegurar la vida jurídica del grupo y poder participar de los beneficios y actividades de estar afiliados a CONAPACH, la Confederación Nacional de Pescadores Artesanales de Chile, que agrupaba a todos los pescadores del país y de donde era posible recibir las ayudas y consejos que tanto necesitaban.

La CONAPACH era el resultadote una larga y dura lucha por los pescadores de Chile que partieron haciendo pequeños sindicatos y lograron federarse y después confederarse e un trabajo de hormigas, luego que un grupo de dirigentes recorrió Chile de punta a cabo levantando las organizaciones de base. La CONAPACH es hoy reconocida internacionalmente y trabaja por el desarrollo del gremio de la pesca artesanal.

Una de las áreas de trabajo de la investigación y el desarrollo tecnológico, para lo cual la Confederación creo una oficina con profesionales y técnicos, en la cual se desarrollaron los proyectos CEDIPAC, Centro del Desarrollo e Investigación de la Pesca Artesanal Chilena. Actúa desde los inicios como el brazo ejecutor profesional de los pescadores. El doblamiento de caletas remotas era uno de los puntos de interés para este trabajo.

El pejesapo sabía esto y confiaba en poder hacer un sindicato con la gete de mar que se haba venido a vivir en la nueva caleta. Así las cosas, en poco tiempo ya había un activo villorrio en aquel lugar perdido de nuestras costas, poblado por chilenos y chilenas de mar y desconocido absolutamente por el resto del país. Instalado en los primeros ochenta metros sobre las mareas altas, estaban en terreno fiscal y el único problema legal que tenían era con el dueño de las tierras estériles que había a sus espaldas. El propietario quería cobrar un peaje al camión y ya habían intercambiado algunas amenazas.

Faltaba tanto por hacer, no había escuela para los niños no iglesia para reza; no había un local comunitario y eso fue lo primero que se dieron en construir luego de terminar las casitas. El local facilito la organización, sirvió para hacer las primeras asambleas, las primeras fiestas y la primera misa, celebrada por el cura del pueblito mas cercano, a 40 polvorientos kilómetros de allí.

Pasado el primer invierno, la comunidad se afianzo en su sitio y la vida comenzó a transcurrir en la normalidad. Solo había un asunto que molestaba a El Pejesapo y su gente: los robos. Misteriosos robos ocurrían en el varadero de los botes en la playa de piedrecillas y, a pesar de las guardias nocturnas, siempre desaparecía algún equipo desde un bote varado. Había sido imposible detectar al ladrón.

Estaba claro que el ladrón no era de la comunidad, puesto que algunos robos habían ocurrido con todas las familias reunidas en el salón, asunto que rodeaba de un halo de misterio a estos sucesos.

Muchas teorías comenzaron a tejerse en torno al causante de los robos, ayudadas por la oscuridad nocturna, la luz temblorosa indecisa de las velas, los gritos de los pájaros desconocidos y la imaginación despertada por las largas contemplaciones. Sumergieron mitos o leyendas sobre la causa de los robos, los que pasaron pronto al rango de los acontecimientos mágicos. Apoyaba esto el que los robos siempre eran de objetos pequeños, siempre ocurría de noche y nunca nadie escuchaba el menor de los ruidos.

Alamiro, el jaiba, tenía otra teoría, pero nunca la contó, puesto que le pareció mejor mantener el secreto de sus sospechas. Por una parte, porque nadie le creería y, por otra, porque sabia que los chungungos, otrora abundantes mamíferas de estas costas, eran hoy en día una especie extinción. Era sumamente difícil divisar a las nutrias de mar a pleno día. Las nutrias de más eran animalitos muy inteligentes y juguetones; inventar juegos parecía ocuparles todo el día. La llegada de los humanos a esos requeríos había interrumpido su tranquilidad.

El recuerdo de brutales cacerías de antaño las llenaba de pavor y se habían escondido en un lugar inaccesible, cerca de allí. Alamiro, el jaiba, buen contemplador y amante de los largos paseos, había descubierto a los chungungos, pero se había guardado el secreto e intentaba ya hacia meses hacerse amigos de tan tiernos animalitos.

El misterio de los robos nocturnos fue el primer indicio de que la comunidad necesitaba urgente algo mejor que las velas para alumbrarse. Además, allí las velas eran caras y se hacían dura lo más posible. Sin embargo, mas que el mito, fue una tragedia la que gatillo la búsqueda de una solución para la oscuridad.

Al bongo 327 le había ido bien, volvía cargado de las mejores piezas para embarcar en el camión para la ciudad. Era casi medio día y estaban a unas dos horas mar afuera. Tenían que volver, el camión partía de vuelta no más allá de las cuatro de la tarde. La mar estaba rizada y salía un fuerte viento del oeste que prometía oleaje alto a la salida. El patrón del bongo, conocido por todos como el "Patrón", se sentó al final del bote e intento hacer partir el motor fuera de borda. El antiguo "Archimides Penta" se negó a partir y no hubo forma de hacerlo entender.

Ya con el motor arriba del bote, el Flaco Carranza, que era el que mas le pegaba a la mecánica, miro a los cuatro compañeros y dijo: - "Sonamos, la bujía no da pa´mas, se requetequemó"-.

La cosa olía a desastre, pero nadie se inquietó demasiado, no sería la primera vez. -
"Lastima por la pesca"-, dijo Angelito, el más joven de todos, y tomo los remos, gesto que
fue imitado con resignación por el Condorito, olfateando hacia atrás el aire con esa nariz
que le justificaba el nombre.

La mas rizada salpicaba dentro del bote y había que achicar el agua constantemente se
turnaban en los remos y el viento del oeste empujaba el bote hacia la costa, pero estaban
muy al norte de la cuadra de la caleta y había que remar un poco cruzado. La tarde se les
paso remando y mirando hacia la costa por si venia el bote que seguramente había salido a
buscarlos. Había partido un bongo en su búsqueda, pero buscaba en dirección más al sur, en
el vacío azul.

Cuando por fin avistaron la costa de altos acantilados, estaba ya cayendo la tarde, el sol se
había puesto entre nubes hacia una hora y cuando llego la noche sin estrellas, los cuatro
tripulantes del pequeño bote remaban hacia el sur buscando la boca de su caleta, la única
que había en muchos kilómetros de costa.

Acercarse a los acantilados con el oleaje que había era de todas formas una locura. Su única
esperanza era reconocer la boca de entrada de la caleta en esa oscuridad infernal. Guiados
por el ruido de las rompientes siguieron remando hacia el sur.

El Pejesapo había ordenado colocar los fanales a parafina encendidos en la cumbre de las
rocas que flanqueaban la caleta. El duro viento desde el mar, la oscuridad y las figuras
fantasmales que corrían por la noche en los altos requeríos, presagiaban un drama que de
alguna forma era ya conocido por todos.

¡Cuando El Patrón grito- "Luz por la proa allá arriba!"- eran las once de la noche, el mar
estaba realmente fuerte y todos estaban agotados de tanto remar. Si dejaban de remar era
seguro el choque con la dura costa. El patrón vio una sola luz, puesto que las otras las
tapaba el mismo acantilado. Guiado por su instinto tomo los remos y secundado por el
Flaco Carranza, iniciaron la embestida final. El ruido de la rompiente no dejaba escuchar

las voces, el punto de luz del fanal del bote era lo único que los de tierra podían ver. Todos bajaron a la playa a mirar la maniobra del bote, cuyo fanal ya se veía llegando a la boca de la caleta.

Cuando el Angelito lo encontraron comido hasta la mitad por las jaibas dos semanas después en unos requeríos más al norte. El patrón desapareció para siempre y nunca mas fue hallado. Al Flaco Carranza le cayo el bote encima, quedo invalido de una pierna, pero se salvo. Condorito salvo ileso, puesto que, cosa curiosa entre los pescadores artesanales, era el único que sabia nadar y se había sacado sus pesadas ropas para poder remar mejor.
El Patrón en las caletas artesanales es cosa común. Para una comunidad tan pequeña como la de esta historia, el peso de la muerte ocupo todo el espacio, significo los primeros dolores y el olor a tragedia duro por muchas semanas más.

El Patrón era compadre de El Pejesapo y formaba parte del naciente sindicato. El Pejesapo reunió esa semana a la asamblea y planteo el asunto de la luz. Era necesario colocar demarcadores en el alto de los dos riscos que señalaban la entrada de la caleta, un par de luces que ayudaran a los extraviados y a los atrasados a encontrar la boca de la playa.

También había que iluminar la playa para detener el asunto de los robos, incluso era urgente iluminar el lugar donde estaban, la sede social. A punta de velas la cosa no marchaba bien y la tragedia aun presente entre el grupo. Indicaba la urgencia de la solución. Mantener fanales a parafina en lo alto en los riscos, aparte de ser incomodo, se tornaba caro y poco eficiente Ni hablar de comprar una motogeneradora, puesto que eso los obligaría a depender del combustible y los haría escuchar permanentemente el ruido del motor.

El sindicato ya estaba en CONAPACH, así es que, en la siguiente asamblea de la Federación, El Pejesapo planteo el problema.

El presidente de CONAPACH, Humberto Chamorro, había visto en Senegal funcionar los sistemas solares para obtener electricidad, por ello planteo la idea para iluminar caletas lejanas en Chile.

Así fue como esta historia llego a Christof Horn, un ingeniero ya maduro, que nunca perdió el acento extranjero a pesar de los años y la familia que ya tenía en Chile. Gordito y colorín, semi calvo, con un buen humor permanente y un aire que me recordaba al dios Baco de algún antiguo grabado, militaba en la Energía Solar hacia mucho tiempo. A cargo de SIEMENS SOLAR en INGELSAC de Santiago, había llevado el asunto de la electricidad solar casi al apostolado. Desde Caspana en el Altiplano nortino hasta los faros de remotos archipiélagos del sur, los paneles solares llevados por Christof producían la magia de la energía eléctrica sin maquinas ni motores. Siempre dispuesto a convencer a la gente en forma directa, personalmente se aparecía en los más remotos confines del país. Allí donde los cables de las grandes compañías no llegarían jamás y donde la luz del día se podía almacenar en baterías para iluminar la noche.

Christof miraba junto a El Pejesapo los acantilados que cobijaban la caleta era evidente que las luces debían ir allí. Pero era necesario convencer a la asamblea que estas láminas negras y brillantes que habían bajado de la camioneta eran capaces de cargar las baterías.

- "¿Y que, pasa cuando esta nublado?"-fue la primera y fatalmente clásica pregunta en con que se inician todas las sesiones de energía solar en el Mundo.

- "Bueno", explico con paciencia Christof, en su lengua con acento y lleno de chilenismos, "Estos cristales funcionan con la luz, no es necesario que exista un sol brillante, claro esta que con un sol brillante trabaja mejor, pero nublado cargan igual"-.

- "¿Cuántos vamos a tener que usar?"
- "Eso depende de para que los quieran, desde ya van a necesitar un sistema de carga allá sobre los acantilados, que sirva para la baliza de señales. Me parece que necesitan también un farol en la playa, donde dejan los botes, y yo recomendaría que iluminen este local lo mejor que puedan…"

- "¿Se podrá planchar con esto?"

-Eso depende Noo, si los sistemas no son milagrosos. Estas plaquitas, así como las ven, solo permiten cargar una batería como las de automóvil una vez al día, para así usar sabiamente la carga en la noche. Si se ponen a planchar con esto se les descargaría el sistema rápidamente"-

- "Chis, entonces no sirven pa´mucho las plaquitas esas…"

- "Bueno, ustedes querían luz ¿no?, para eso si que les van a servir. Cada placa junta carga como para encender unas seis ampolletitas especiales como esta, de doce voltios y fluorescentes, como una cuatro a seis horas. Consideren que después de tener el equipo, la energía acumulada es casi gratis, solo tienen que mantener bien las baterías.

La sesión siguió larga y llena de preguntas. El milagro que estaba prometiendo tenia sus límites y Christof, con la paciencia de tener cientos de sesiones como esa es la espalda, siguió explicando las bondades y los contras de los equipos.

Por ser la energía solar gratuita y renovable día a día, invierno y verano, era evidente que la inversión era mucho más conveniente que un moto generador a gasolina o petróleo. Las placas fotovoltaicas, que así se llamaban esos paneles, no requerían de otra mantención que conservarlas limpias, no quemaban nada y no contaminan en lo absoluto. Por otra parte, el sistema interconectado nacional de energía eléctrica estaba a varios millones de pesos en postes y transformadores del lugar, lo que convertiría a esa alternativa, la que se tiene en la ciudad, en absolutamente inviable.

En eso paso la tarde y al llegar la oscuridad conectaron a la batería las luces fluorescentes de alto rendimiento. El resplandor lechoso de la magia solar ilumino a la asamblea. Todos concordaron en que esta era la alternativa más eficiente y conveniente para ellos, con los que Christof había ganado otra batalla por el sol.

El Pejesapo coloco la torre del primer panel justo sobre la animita que recordaba a su compadre El Patrón. Esa luz iluminaría la playa durante la noche. Se encendía dola justo cuando la tarde mataba las últimas luces del día. La carga de la batería soportar dos días seguidos si era esto necesario. Al despuntar el alba el interruptor fotosensible apagaba el equipo automáticamente.

En los riscos de la entrada se puso un panel mas con una batería de ciclo profundo un poco mas cara, mas duradera y sin manutención como las comunes, con la que se alimento de luces destellantes como las de los faros, que gastaban poquísima energía y aseguraban la luz salvadora por semanas de temporal.

Con el correr del tiempo cuatro placas colocadas sobre el techo de la sede alimentaron al primer policlínico y la sala de reuniones, donde ya podía sonar la música de las fiestas a buen empuje solar.

Es muy probable que algunas casas tengan hoy iluminación solar en la caleta de esta historia. Los robos en la playa de los botes se terminaron para siempre, con lo que la teoría de Alamiro, el Jaiba, se confirmo en secreto, ya que las nutrias o chungungos se alejaron de la playa por los efectos de la blanca luz de los fanales (Fig.11).

BIBLIOGRAFÍA, ACTORES Y REFERENCIAS.

- Horn, Christof, "aplicación de sistemas fotovoltaicos en casas aisladas en diferentes lugares de Chile", SIEMENS SOLAR GMBH, INGELSAC, Holanda 64, fono-fax: 02-2300000 Santiago. Venta de equipos.
- COMO MONTAR SISTEMAS: "Artefactos Solares Simples" Ed. FUCOA, P. Serrano, santa rosa 83-D, Santiago.
- CONAPACH, Confederacion Nacional Pescadores Artesanales de Chile, Humberto Chamorro, Presidente, Caleta Portales, Valparaíso, fono: 032-660713; CEDIPAC, fono: 032-232602.

FIG.11: PANEL FOTO VOLTAICO Y SU INSTALACION

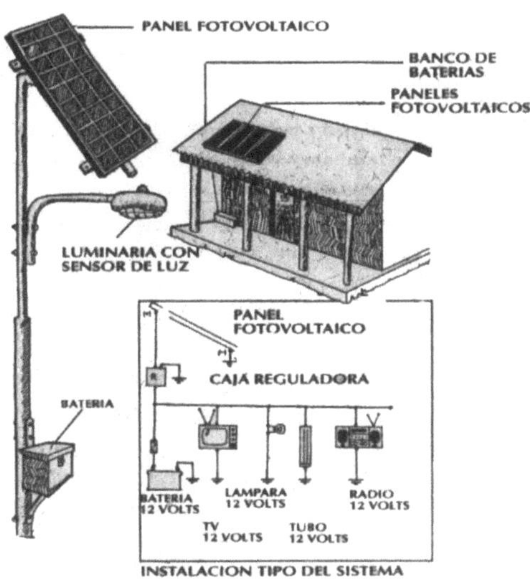

MIS LECHUGAS

Marianela, hija de familia campesina afincada en una población de Santiago, había hecho cuanto curso aparecía sobre horticultura, llegando a ser casi una experta en el tema. Le había gustado mucho el asunto de la agricultura orgánica y soñaba con comer algún día sus propias lechugas.

Era el comienzo de la era del cólera, una enfermedad epidérmica terrible que había ingresado a Chile justamente por santiago, la capital nacional de la contaminación urbana. El cólera se había sumado a las ya endémicas hepatitis, tifus y disentería, todas ellas sostenidas por un océano de aguas servidas que los santiaguinos evacuaban diariamente hacia todas las vías de riego de las hortalizas de la ciudad.

En aquellos tiempos santiago no pensaba tener plantas de tratamiento. Por lo que todos sus cauces, canales y quebradas debían soportar las deposiciones de cinco millones de santiaguinos que diariamente mezclaba, con agua potable, dos millones de kilos de fecas, para esparcirlas al entorno, en una actitud suicida mil veces más peligrosa que el publicitado smog.

Aquí sucedían dos cosas terribles: la primera era una deplorable pérdida de energía, producto del despilfarro de ciento ochenta millones de agua filtrada, clorada y bombeada con altos costos energéticos, que podrían haber servido puras y limpias- para otros usos, y que se iban por los alcantarillados todos los días, tras el uso de los silenciosos del baño.

La otra era el desperdicio d esos millones de kilos de materia orgánica que de algún modo habían sido extraídas del campo y no retornarían de un modo simple y adecuado a ese suelo cada vez mas pobre en nutrientes.

Todo esto se los cuento, puesto que la alarma del cólera había alejado las frescas hojas de lechuga de los bolsillos de la mayoría, que ahora venían desde inmaculadas granjas, supuestamente regadas con "aguas de pozo" y envueltas en crujientes envases plásticos, etiquetas e inalcanzables por sus precios.

Marianela, a pesar de sus cursos y aspiraciones hortícolas, se había tenido siempre que conformar con ayudar a sus amigas y sus compañeros de cursos, por la sencilla razón que vivía allegada con su familia en la casa de su mama y el espacio que había quedado. Luego de trasladar su rancho allí, no alcanzaba para plantar nada.

Por ahora se dedicaba a hacer almácigos en potecitos de yogur apara vender a los amigos las plantitas listas para los trasplantes.

Los hacia en el techo de la mediagua y Rubén, y su marido, no hacia mas que reírse de ella, aunque mas de una vez lo sorprendió regando las cajitas subido en el catre viejo que hacia de escala (Fig. 12).

Hasta una lepra había habido cuando Marianela, en un acto de de arrojo y obstinación vegetariana, había decidido colocar tierra sobre el techo de la mediagua con el fin de cultivar allí su propio huerto. La idea era buena, pero imposible de realiza, tanto por la estructura de la techumbre como por los futuros problemas de riego, sus buenas horas le costo a Rubén hacer desistir a Marianela su proyecto.

El lector debe saber que una lechuga plantada necesita un volumen de tierra semejante al follaje superior donde dispersar sus raíces, lo que significaba que Marianela debía haber dispuesto al menos treinta centímetros de tierra sobre el techo. La mediagua, por supuesto, no resistiría un peso así.

Marianela había logrado contar con un par de tambores perforados de doscientos litros, en la parte de atrás de la mediagua donde sistemáticamente botaba sus restos de comida, mezclados con capas de tierra del lugar. Así hacia su propia tierra de cultivo "compostando" la basura, convirtiéndola en abono (Fig. 13). De allí era que los almácigos de Marianela siempre fuesen los más bonitos y solicitados. Pero marianela quería a toda costa tener lechugas y sus éxitos con los almácigos no la confirmaban.

Así las cosas, apareció en la comuna de donde ella vivía un hombre de campo, técnico agrícola, haciendo cursos de huertos en un convenio de trabajo con la municipalidad de san Joaquín. Javier Ormeño de era un tipo de moreno de, pelo corto, con las cejas negras y juntas, cara curtida y sonrisa blanca, siempre de blue jeans y polera. Trabajaba en el Centro El Canelo de Nos. Ormeño enseñaba las materias tradicionales: la abonera, la preparación de las cámaras altas, los almácigos y los invernaderos, pero también ofrecía enseñar a hacer cultivos en mangas plástica. A marianela les intereso fuertemente la idea de hacer estos cultivos, cosa que hizo a todas las clases y opusiera más atención que nunca.

Su primera sorpresa fue que las mangas no se ponían acostadas en el piso, sino que también se colocaban de pie, como un gigantesco cilindro lleno de tierra de hojas. El cilindro, de unos cuarenta centímetros de diámetro, se hacia con manga de riego, un polietileno reciclado de color negro de muy bajo costo (lo que costaba una lechuga por cada metro). Lo interesante de esta técnica era que los almácigos ya crecidos se colocaban en unas pequeñas ventanillas, que se hacían en torno al cilindro a todo lo alto. Así, en un metro cincuenta de manga podía crecer un huerto equivalente a un par de de metros cuadrados, todo esto apoyado en no mas de un cuarto de metro cuadrado (Fig.14).

Marianela se quedo después de clase interrogando a Javier quería saber sobre el sistema de de riego, la manutención y los costos de de la técnica de las mangas, puesto que sospechaba que así podía tener sus lechugas en casa.

Marianela vendió una caja de almácigos entre la misma gente del curso y con el dinero partió a comprar manga de polietileno, para hacer cuatro tubos de dos metros de alto.
Cuando llego a casa con su compra, Rubén la miro escéptico pero acostumbrado a las ideas especiales de su compañera, se dio a la tarea de ayudarla a parar el invento.

Consiguieron arena para aligerar y hacer mas permeable la tierra de hojas, trabajaron todo el sábado harneando y limpiando el contenido de los dos tambores llenos de con la materia orgánica que habían pacientemente juntado hacía meses.

En la tarde del día siguiente rellenaron con la mezcla las cuatro bolsas atadas con un nudo en el fondo, cuidando de dejar los tubos de polietileno negro a las distancias que Javier le había anotado. Los cuatro cilindros de color negro, llenos de tierra de hojas mezclada con una cuarta parte de arena, constituían un extraño cuadro en el estrecho pasillo de su casa. Colgaron los cilindros de un sencillo arco levantado por Rubén con varas de eucaliptos y los dispusieron a cuarenta centímetros de distancia entre ellos.

La madre de Marianela, que había seguido en silencio toda esta actividad desde la ventana de atrás de su casa, le grito que tenía que ser bruja si de estos gigantescos sacos negros salía una sola lechuga. Marianela no se inmuto y se subió al techo a seleccionar el mejor almacigo que tuviese en sus cajitas.

Echaron agua adentro de las mangas y esperaron al día siguiente hasta que compactara la tierra en su interior. Esa noche Marianela preparó sus plantitas con más cariño que nunca, soñando con tener por fin sus lechugas, a pesar de la falta de espacio que disponían.

Midiendo con precisión y cortando con delicadeza, marianela y Rubén abrieron las pequeñas ventanillas en los tubos plásticos, del tamaño justo como hacer el transplante. Cada ventanilla estaba a unos quince centímetros de la otra con el fin de dejar el espacio para que las lechugas crecieran bien.

Pusieron plantas en cada tubo: escarolas en el tercero y milanesas en el cuarto. Los almácigos, lacios en este momento, parecían pequeños hilos verdes colgando tristemente de las mangas. Rubén ayudaba con entusiasmo y preguntaba poco, puesto que sabia que cuando a marianela se le metía algo en la cabeza era mejor colaborar y no plantear dudas.

Al día siguiente lados lechuguitas amanecieron erectas como esperando posprimeros rayos del sol. Habían dejado el espacio suficiente atrás y adelante como para esperar el crecimiento en todo el entorno. Marianela desde ese momento no dejo de darle la mayor de las atenciones a sus cuatro mangas de lechugas que día a día, tenía que admitir Rubén, estaban más lindas.

Muchas cosas nuevas aprendió Marianela con su cultivo en mangas negras, las anotó en su cuaderno y las compartió con Javier y sus amigos del curso, Javier se daba de vez en cuando sus vueltas por la población para seguir las aventuras verdes de sus ex -alumnos, algunos de los cuales habían intentado el cultivo orgánico en sus patios.

Los huertos orgánicos en camas altas que los demás hicieron estaban funcionando, pero todos, se quejaban que tenían que darles mucha atención, puesto que las malezas crecían rápido y con fuerza, que las plagas debían controlarlas continuamente, que los perros corrían sobre las camas altas rompiendo los cultivos y que el riego era cosa obligada todos los días. Todo esto para las mujeres, que debían atender sola los huertos, significaba mas bien una nueva carga que una liberación: el huerto se sumaba como una nueva actividad extra al lavado de ropa, la comida y la limpieza de todos los días más encima, debido a que tenían que trabajar agachadas en el cultivo, más de un dolor de espalda se había generado.

Sin embargo, la experiencia de marianela, la única que se había atrevido con las extrañas mangas, era totalmente distinta: en sus tubos no crecían malezas, solo unas pocas en las ventanillas y muy fáciles de controlar, las plagas no encontraban mucho donde afincarse y los perros jamás podrían hacerles daño a las plantitas, puesto que estaban mas alto que sus correrías. También le contó a Javier que como toda la tierra estaba bajo el plástico, solo tenia que regar cada dos días, cosa fácil, puesto que había poca evaporación. Atender el cultivo era cosa fácil, puesto que el huerto se desarrollaba hacia arriba y todo el trabajo se hacía de pie.

Dos meses después, cuatro verdaderos árboles de lechugas grandes, perfectas y hermosas, adornada el pasillo de Marianela y Rubén, la madre de marianela miraba incrédula y con gran envidia el verdadero oro verde que tenía su hija en esos difíciles tiempos del cólera.

Marianela estaba reticente arrancar ninguna de su lugar, puesto que le daba pena destruir t6anta belleza para comérsela. Las lechugas amenazaban con empezar a florecer cuando Rubén la convenció que debían iniciar luego los festines de verduras o perderían las lechugas. Como a todas les había dado por crecer al mismo tiempo, tuvieron que regalar a su madre y a todos los incrédulos vecinos un par de de deliciosas "lechugas orgánicas de cultivo vertical", titulo un poco largo con el cual regalaban sus verdes resultados a los agradecidos vecinos.

Al fin Marianela tenía sus lechugas y daba gusto mirar la cara de triunfo con que masticaba todos los días su ensalada de costinas, milanesas, escarolas o españolas. Con esa experiencia aprendió que no había que plantar todas las mangas al mismo tiempo para así tener las lechugas listas en distintas semanas. En la siguiente siembra en las mismas mangas se atrevió con acelgas, espinacas y repollos. Incluso al año siguiente sembró algunas plantas medicinales y rabanitos.

Este tipo de mangas bien mantenidas pueden durar más de cuatro años, puesto que el polietileno reciclado con tinte negro soporta bien la despolimerización por acción de los rayos ultravioletas que sufre el polietileno transparente (el polietileno es un polímero artificial-nombre que se le da a los plásticos cuyas moléculas se disgregan con la radiación ultravioleta del sol).

Pasó a paso, la eficiencia energética del reciclaje de orgánicos, la economía de agua y el autoabastecimiento de algunas verduras, hacen que algunos habitantes de los barrios de Santiago enfrenten con más sabiduría sus vidas.

En especial Marianela, que haciendo uso eficiente del poco espacio que disponía tuvo de todas maneras sus lechugas, lejos de todo peligro de cólera.

BIBLIOGRAFÍA Y REFERENCIAS:

- "Como hacer: "Cultivo Vertical en Mangas", Cartilla, Javier Ormeño, Programa Ecología, Canelo de Nos 1993, Castilla 380, San Bernardo.

- "Agricultura Orgánica en Pequeña Escala". P. Serrano, M. Salinas, C. Sánchez, 2ª edición, 1990, Casilla 197-V, Valparaíso.

- Escuela de Monitores Ecológicos, I. Municipalidad Comuna de San Joaquín, Región Metropolitana, Dirige Cecilia Aguayo, fono:02-5519000-301.

FIG.13: ABONERA DE TAMBOR

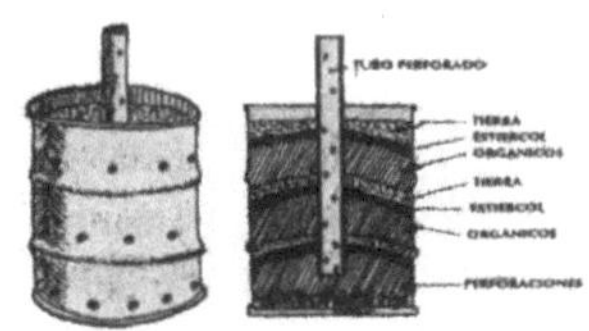

FIG.14: CULTIVOS VERTICALES EN MANGAS

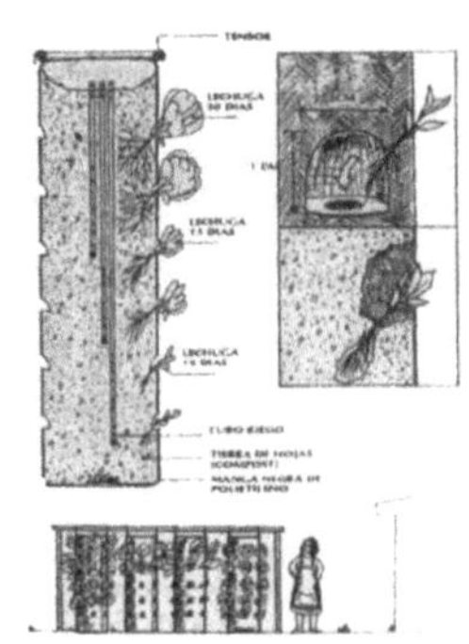

LA COCINA DE BARRO

"Lo que esta pasando aquí es que nadie está respetando los turnos" - acotó Doña Pancha desde el fondo de la sala.

"Eso es verdad"-dijo Luisa desde la mesa-, "este asunto no esta funcionando, porque la mitad de nosotras no cumple sus turnos y las deas tenemos que reemplazarlas a cada rato".

- "Y lo más bien que aparecen cuando se reparte la comida calentita, yo no se con que cara lo hacen…, no debería ni aparecerse"-casi grito Mercedes con tono furibundo.

- "Si no se cumplen los turnos, no hay olla común ni ninguna cosa, o somos solidarias, ahora que estamos tan mal, o nuestros crios no van a tener que comer". La voz de Luisa, fuerte y clara, desde la mesa soltó la amenaza cierta que todas ya conocían.

Estaban allí porque resolver la alimentación de las familias en esos tiempos de crisis era un problema común a todas ellas. En San Antonio se estaban cerrando las pesqueras, el puerto funcionaba mal y ya casi no estaban quedando industrias donde e trabajar. Todas esas mujeres, sin excepción, sufrían las consecuencias de la cesantía generalizada. Muchos maridos se habían ido al no poder soportar no ser más el sostén financiero de la familia. Sin poder cumplir su rol de proveedor, algunos hoy sumidos en el más brutal alcoholismo.

En una situación así, la mayoría de estas mujeres habían asumido los múltiples roles de padre, madre, dueña de casa y jefe de hogar. "el Club de las mujeres solas", como algunas llamaban en broma a su situación, aumentaba día a día.

Las ollas comunes habían surgido al amparo de la Iglesia Católica local, como una salida de solidaridad cristiana para paliar los problemas de tanta gente, en especial la situación nutricional de los niños. El equipo de solidaridad de la Vicaria Rural Costa trabajaba día a día los problemas de organización y abastecimiento de las catorce ollas comunes que, a principios de 1985, funcionaban en a zona de San Antonio.

Luisa era una de esas lideres innatas que habían surgido den la organización de as ollas. Era morena, alta y buena moza, solo que cuando sonreía se veía que ele faltaban los dos incisivos superiores, asunto que no era el resultado de una golpiza, como podría cualquiera sospechar, sino que era producto de la descalcificación provocada por los múltiples partos y los amamantamientos que estos significaban, sin el respaldo de una nutrición adecuada.

Luisa tenía cinco hijos y debía hacer esfuerzos inenarrables para mantener su familia en pie. Ella era una de las pocas que tenía marido. El Luchín trabajaba como ayudante e el incierto negocio de la pesca artesanal. Ayudaba con los crios cuando podía, lo que le permitía luisa darse el lujote ser dirigente de la olla común "La Tiznada".

- "Por ejemplo aquí, en la lista, aparece Magdalena Leiva, con cinco turnos sin cumplir, y eso que había empezado re´bien cumplió con los tres primeros que le tocaron sin ningún problema", - "toda escoba nueva barre bien"-comento una mujer del grupo.

- "Eso no es verdad""-murmuro tímidamente Magdalena desde la primera fila, donde amamantaba un bebe". Lo que pasa es que mi compañero me prohibió venir a hacer los turnos, porque me demoraba mucho, dejaba los cabros chicos botados y además quedaba muy hedionda a humo y eso no le gustaba. Yo no me atrevo a desobedecerte, porque como anda caído al frasco, se pone muy violento."

- "Chis, si se te pone pesao avisai no mas con un grito y vamos a todas y le sacamos la miechica, total pa´eso estamos y no será la primera vez"- dijo con cara de guerra la Antonia, desde la segunda fila.

- "Lo que dice la magdalena es cierto, andamos pasadas a humo y no nos pesca nadie, tenemos olor a pobre por culpa de todo ese humo que sale del a fogata." (fig.15).

- "Yo no me estoy poniendo mas arrugada de lo normal y tengo el pelo imposible por el humo, sin embargo, lo más bien que cumplo con mis turnos, No están los tiempos para ponerse coquetas…"

- "Oye, no es por interrumpir la asamblea; pero me tinca que esta temblando…"-dijo con toda clama doña Clara y todas guardaron un instantáneo silencio.

Y claro que estaba temblando, era el atardecer del domingo 3 de marzo de 1985. la olla común se reunía los domingos en la tarde, que era un momento en que todas podían venir. El temblor empezó despacio, demasiado largo para un temblor común. Las mujeres se pusieron de pie alarmadas y entonces se inicio un infierno de movimiento y mucho ruido, que casi ahogo los gritos de "¡terremoto!".

Todas en la calle, que se ondulaba cual gigantesca pantruca, haciendo olas como en mar afuera, gritaban, se aferraban a cualquier cosa, se caían al suelo. Algunas, en medio de esa jalea gigantesca que se sacudía con fuerza, ya corrían hacia sus casas, gritando por sus hijos, tropezándose y levantándose, entre nubes de polvo que se elevaron cubriendo la ciudad.

Cientos tres muertos y nueve mil de las once mil casas de la ciudad con daños mayores, se sumaron a la tragedia de la miseria acumulada en los cerros del puerto. Un terremoto mas, pensaba el padre cholito mientras iniciaba la organización de los sistemas de ayuda de la iglesia para tanto damnificado." Menos mal que fue domingo" se dijo para si, todavía asustado, cuando salio de la iglesia luego de la estampida general de feligreses que termino con la misa de la tarde.

Luisa llego a su casa, en la mitad de del cerro. Se encontró con la mediagua en su lugar y todas las cosas de la casa dispersas por todos lados. Los niños estaban muertos de la risa haciendo bromas con los temblores y el Luchín miraba preocupado hacia el mar sabiendo que, después de los terremotos, es común que vengan también los maremotos.

Por fortuna las casas de madera de los más pobres habían resistido el sacudón sin caerse. Algunas de habían corrido un poco, otras tenían grietas nuevas en los patios, se habían caído cantidad de postes de la luz y las matrices e agua se habían roto con el sismo.

San Antonio sin agua, sin luz, sin pan, sin trabajo, fue el panorama deseador de las primeras semanas. Las ayudas oficiales tardaron en acudir, porque a las pocas semanas se comprobó que el sistema oficial de socorro para las emergencias no estaba funcionando. Esta fue la razón principal por la cual toda la ayuda de las oficinas internacionales y las agencias de cooperación fue canalizada a través de las iglesias.

Así fue como los equipos de la Vicaria multiplicaron sus esfuerzos de trabajo en la zona y las ollas comunes se convirtieron en el referente más importante y organizado para canalizarlas acciones hacia lo más pobres.

En esto las pequeñas organizaciones no gubernamentales, ONGs, mostraron su alta eficiencia trabajando con la gente.

Aparecieron rápidamente proyectos de auto construcción y reparación de viviendas, ayuda alimentaría, amasanderías populares y otros, destinados más bien a recuperar las situaciones de miseria acumulada, por los impactos instantáneos de un terremoto de tres minutos.

UNICEF; Fondo de las Naciones Unidas para la Infancia, decidió apoyar un proyecto de uso eficiente de la energía en las ollas comunes de la zona, con el fin de mejorar la calidad de la alimentación de los niños y sus familias.

Es asunto energético de las ollas comunes hacia crisis. Cada olla común atendía entre sesenta y doscientos familias, por lo que realizar la cocción de alimentos en las gigantescas ollas de sesenta, cien o más litros, requería de grandes cantidades de combustible que, en todos los casos, era leña. Encontrar leña en zonas urbanas y periféricas de ciudades como San Antonio era asunto difícil y muchas veces casi imposible. Estaban corriendo grandes riesgos los cercados de madera de las casas y los trozos de fonolita de los techos. Incluso los guardias armados de los predios con árboles de la periferia de san Antonio estaban cada vez más agresivos con la gente que recolectaba leña sin permiso.

Había tecnología disponible para mejorar la eficiencia en la cocción de las grandes ollas. En eso ya había estado trabajando dos años antes, desarrollando un tipo de cocina construida en albañilería en barro con paja y cemento, calculada para una mejor combustión y aprovechamiento del calor. La forma y el diseño tecnológico de la cocina resolvían muchos problemas del uso de la energía en la cocción de las grandes ollas. Lo que no era imaginable era la cantidad de otros problemas que resolvería el uso de esta tecnología. Cuando el equipo de la Vicaria Rural Costa le anuncio a Luisa y su olla común que" La Tiznada" sería la primera en construir su cocina de barro, nadie se entusiasmo mucho. Más bien todas se mostraron incrédulas y ninguna parecía de acuerdo con eso de embarrarse las manos para hacer una cocina.

La asamblea en que se presentó el sistema no fue fácil, el asunto de los turnos seguía vigente, así es que a nadie le cayo bien un trabajo más.

-"Aaaah no, ¿por que no nos compran gas mejor y así se acaban los líos?"

- "¿Y donde la vamos a hacer?, claro, porque ahora nos turnamos para hacer el fuego en como cuatro casas distintas. Si hacemos una cocina de esas no la vamos a andar trasladando para todos lados, deben pesar más que siete…"

- "Hagámosla en mi casa, yo me atrevo"-dijo la Luisa terminando así la discusión-." Si no nos gusta seguimos igual que antes, pero nada se pierde con probar; a mi me tinca que cocinar en esas cocinas de barro va a ser harto mas rápido que en la parrilla que tenemos ahora."

Contra lo que muchos pueden suponer, en la olla común no se come en una gran mesa con todas las familias juntas. Solo se cocina en coman, puesto que el instante de almorzar es uno de los pocos momentos en que la familia puede estar junta en su casa en torno a su mesa.

Preparar al barro, conseguir los bloques de adobe de entre los escombros que abundaban en todas las esquinas y juntar el agua para trabajar, fueron tareas por voluntarias del grupo, ya que todavía había gente que se negaba a cooperar.

El día que se construyo la cocina, diez mujeres, todas muertas de la risa, pata pelada, revolvían el barro con las faldas arremangadas. Una radio ponía las cumbias y de vez en cuando se sentía un temblorcito al que nadie le daba importancia de puro acostumbrados que estaban. Usando la olla de aluminio como molde, empezó a aparecer una construcción cilíndrica levantada por muchas manos. Rápidamente las mujeres le encontraron gusto al asunto del barro, con lo que toda la sesión de trabajo fue más bien de diversión.

A las cuatro de la tarde en el patio de Luisa se levantaba airosa una hermosa cocina de barro fresco y las mujeres contemplaban admiradas de su propia obra.

- "Miren, yo que nunca me creí capaz de hacer nada que tuviera que ver con la "contru" … lo veo y no lo creo."

- "Harto bonita que nos quedó; la cuestión es ahora esperar que se seque la maravilla para ver si funciona."

La cocina debía secarse con lentitud, por lo menos una semana a la sombra, antes de `ponerle fuego. El primer resultado de este trabajo fue que las mujeres que participaron estaban felices por haber descubierto habilidades que antes ni soñaban que tenían.

-"Chis, yo así ahora soi capi de hacerme una casa de barro solita. Es súper fácil, con todos los aires que se dan los machos con estas cosas."

La Luisa y el Luchín miraban en el fondo del patio de su casa la extraña construcción que les había quedado allí, como para siempre, pensando que esa mole de ladrillos, barro y paja no seria fácil de mover para ningún lado.

Dos semanas después a Luisa, a cargo del turno de ese día, inauguro con una cocción de pantrucas la ya famosa cocina de barro. La pesa que se utilizaba para medir la leña indico que en esta primera cocción el gasto había sido exactamente la mitad de aquel que tenían antes, cocinando a fuego abierto. Lo mas seguro era que el rendimiento debía mejorarse aun mas, cuando el secado terminara de realizarse.

Otra cosa importante que todas las mujeres notaron se inmediato, era que el molesto humo que antes iba a dar a los ojos, la ropa y el pelo, ahora salía raudo por la chimenea dos metros más arriba. Además, como la combustión era mucho mejor la cantidad de humo había disminuido notablemente, con lo que la contaminación también bajó su nivel (Fig.16).

Como la cocina era eficiente en su consumo de energía, había que juntar menos leña que antes de, incluso, si algún día tenían la plata suficiente, la cocina también funcionaria bien con un quemador de gas bajo la olla.

Lo importante de todo eso fue que las mujeres comenzaron a cumplir mejor sus turnos, puesto que ya no había humo y también porque se cocinaban en menos tiempo. Antes había que partir haciendo el fuego a las nueve de la mañana y ahora, a las once, aun era buena hora para comenzar. Esta economía de tiempo ayudo mucho a la propia organización y a las mismas mujeres que contaron con algo más de tiempo para sí.

Luisa, junto a otras mujeres de la olla, ayudó mucho en la difusión de la tecnología en otras ollas comunes. El hecho de sentirse mas capaces que antes las hacia valorarse mas y mejor. Pudieron ayudar a construir otras cocinas, además de rehacer y reparar la propia.

Para Luisa, también la cocina significó un detalle importante en su olla común: la cocina de barro era un artefacto tan grande, notable e inamovible que, como hito físico de la organización, se convirtió en el referente estable de la misma. El objeto llamado la "la cocina" había logrado darle identidad de lugar a "La Tiznada", olla común de San Antonio.

BIBLIOGRAFÍA Y REFERENCIAS:

- Proyecto UNICEF sobre"Cocinas Comunitarias en Barro", 1985-1986, Isidoro Goyenechea 3322. Fono 02-2314210.
  Como hacer:"Uso Eficiente de la Leña" P. Serrano, ed. FUCOA, 1993, Ilustrado.
- "Cocinas Comunitarias y Familiares", Cartillas de trabajo, >Corporación El Canelo de Nos, fono 02-8571943
- Ex Equipo de Vicaria Rural Costa que trabajo en el proyecto, hoy Colectivo El telar, Directora Gloria Cáceres J., fonos: 032-680801. 02-7378769.

FIG.15: COCCION SISTEMA PRIMITIVO

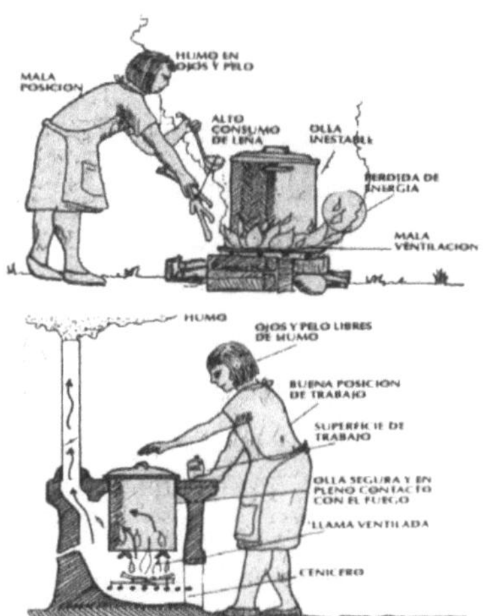

FIG.16: COCCION EN COCINA DE BARRO

ATRIPLEX

Que por allí habían pasado los españoles, no había duda. La primera vez que vi a Diego Alzamora me pareció recordar la estatua de mi tocayo don Pedro de Valdivia vivía a trescientos kilómetros de Ali y a cuatrocientos años de distancia en el tiempo. Sin embargo, en muchas partes de esa zona el tiempo de había detenido en los portales de las casas y los rostros de su gente. Diego fue en esta historia un personaje importante, puesto que el abrió las puertas de las comunas a los cursos de eficiencia energética.

Es la zona de los comuneros campesinos de Chile. Las comunas son los únicos vestigios que quedan de un particular modo de organizar la tierra, propio de la colonización española. Hace cientos de años, Pedro de Valdivia repartió las tierras de mas al norte de santiago entre su tropa, dándoles la organización de comunas. La tierra es las comunas se hereda por mayorazgo, es decir, por el hijo mayor, por lo que no se divide. La tierra de las comunas, como lo dice su nombre, es común, salvo el trozo que pertenece a la familia. Todo el resto es propiedad se todos. Estas tierras no fueron las mejores de Chile, las mejores se las llevaron los capitanes de valdivia, al sur de la capital. Tal vez por eso y por lo aislados que los comuneros vivieron por siglos, es que se mantuvieron casi intactos su espíritu y su herencia. Como siempre ha sucedido en chile cuando de tierras se trata, la antigüedad de los habitantes en el lugar no los salvaguarda de la avidez de propiedad de los mercaderes del suelo. Las comunas fueron expoliadas de lo mejor del suelo y solo hace pocos años la ley reconocía la comuna como un modo de legal de tenencia de la tierra, sin embrago dejo la posibilidad de venta de los derechos familiares, cosa que antes no existía, pero que ahora empieza a destruir la comuna.

Así aparecieron, como en Elquí, los grandes parronales, los invernaderos de tomates, los abogados litigantes de tierras que hacen nata en Ovalle, la compra de derechos de agua y todos los signos de aquellos que no reconocen otra ley que la del mercado.

Tal vez por esto que las comunas de la cuarta región se organizaron, y los Mincha, Los Rulos, Canela Alta y Canela Baja, Huentelauquén, El Pino, Monte Patria y tantos otros, tienen su directiva y su" Asociación Nacional de Comuneros de Chile". Cuando conocí esta parte de la historia de Chile". Diego Alzamora, sin peto, espada, ni cimera, era el presidente de los comuneros. Hoy día, si no me equivoco, es concejal electo de la comuna de Canela. Las comunas se caracterizan porque sus territorios son extensos, suelos áridos. El uso intensivo de la leña y el pastoreo de las cabras han dejado los territorios al borde del colapso ecológico definitivo. Ya solamente las cabras se sostienen en tan duros territorios y significan un círculo de deterioro difícil de romper.

Fue el asunto de la leña, luego de un estudio de Juan Carlos Sáez, lo que nos llevo con la Catramaca –mi zombi-por esos andurriales. El PRIEN, Programas de Investigación de Energías de la Universidad de Chile, recibió un financiamiento de UNICEF para extender por las comunas un programa e difusión de cocinas y quemadores de leña.

E busca de de la tecnología adecuada para el proyecto fue que llegaron hasta San Antonio a conversar conmigo. Acepté, como no. Y así fue como conocí a Diego y su gente, en la Cuarta Región.

Fabiola Castán, Álvaro Díaz, Daniel Espinoza y Alberto Urquiza, cada uno de ellos personajes aparte, montaron decenas de veces en la vieja Catramaca, con herramientas y equipo para internarnos por las comunas de la Cuarta Región. Tragarnos cantidad de kilómetros y también kilos de tierra, comimos cabrito asado, nos quedamos en pana, subimos y bajamos cerros, asistimos a asambleas, reuniones y cursos de difusión, descubrimos la playa privada de los Alzamora y su fabrica de quesos. Nos pillaron los aluviones y los puentes cortado, construimos con la gente no me acuerdo cuantos hornos de barro, dormimos en todos lados y bajo las estrellas. En todas estas labores, siempre Diego Alzamora nos ayudo a ganar la confianza de la gente de las comunas y nos acogió, de paso, innumerables veces en las tierras de Huentelauquén.

Todo esto duró dos años. Durante ese periodo se hicieron incontables cursos para hacer hornos mixtos de barro (Fig.17). Fueron estos hornos las estrellas los proyectos y no las cocinas como se pensó en un principio. Esto fue por su efectividad energética y también porque con ellos se solucionaban los problemas del pan y la cocción de los cabritos.

De tanto pasar por Huente, y terminamos haciendo un horno en la casa de Diego Alzamora, allí donde se encontraba la quesería modelo de la comuna, que por estar al lado de la carretera era lugar obligado de detención en los viajes. Cuando se inauguró, ese fue el horno que demostró que se podía hacer un cabrito asado solo con un poco de chamiza de Atriplex.

Hoy di a, luego de seis años, hay cientos de replicas de estos hornos, hechas po los propios comuneros, como prueba del éxito de del trabajo. Lo importante fue que la gente descubrió que podían operarlos solo usando chamiza, es decir leña ligera, paja o ramillas de Atriplex. Para saber del Atriplex hay que remontarse a los tiempos de Alberto Peña en la CONAF de la cuanta Región, en especial zona de Monte Patria, Ovalle y Huentelauquén. Alberto, de de mediana estatura, pelo liso, siempre sonriente, buen amigo y persistente, había trabajado en la introducción de Atriplex para reforestar las duras tierras de la región años antes de nuestra aparición por la zona. Alberto trabajo mano a mano con Alzamora, y tal vez fue con el Atriplex que se gesto la consolidación de la organización directiva de las comunas.

El Atriplex es un pequeño arbusto australiano que tiene la cualidad de poder afianzarse en suelos ya degradados, que no servirían para ninguna otra cosa. Casi mágicamente, absorbe el agua del suelo y la humedad ambiente. Es un arbusto perenne que bota ramitas-como quien pelecha que le vuelven a salir con facilidad, y da una hoja dura y sabrosa para alimento de las cabras.

Un arbusto así, plantado en los miles de hectáreas de peladeros de las comunas de la Cuarta Región, permitía realizar muchas cosas importantes. Aumentaría la masa verde de la región y por lo tanto le retención global del agua. Con un pastoreo controlado seria posible llevar los rebaños de cabras por paños de Atriplex, sin que los arbustos se destruyeran, ya que las hojitas volverían a renacer. El arbusto, de largas y profundas raíces, logra una excelente retención del suelo, muy bueno como elemento para detenerla erosión de las tierras desprotegidas de la zona. Finalmente, esa cualidad de entregar chamiza, sin que se destruya el arbusto, lo transformaría en un excelente proveedor energético para los dispersos habitantes.

Algunas de estas cosas las sabía Alberto peña y otras no, cuando incluso tuvo que recurrir a los carabineros para lograr que los reticentes comuneros asistieran a las asambleas en que se estaba enseñando el asunto del Atriplex.

La primera comuna en reforestar fue la de Huentelauquén. Hoy día por kilómetro a lo largo de la carretera es posible apreciar el titánico esfuerzo de la gente de Alzamora para plantar su comuna.

Con todo, se logró medir y trazar innumerables hectáreas de desierto, para luego realizar, pala en mano, incontables excavaciones en el duro suelo y plantar, una por una, millones de plantitas. Todo un trabajo ciclópeo hecho por las manos de los comuneros, que, durante años, incansables, lograron una de las más grandes superficies reforestadas de Chile y también una de las más desconocidas por el resto del país.

El Atriplex ha resistido las grandes sequías, que ni las mismas cabras han soportado, t ha significado una fuente energética incomparable en las vastas soledades de los valles de la Cuarta región. Contar con Atriplex ha permitido a los comuneros desarrollar proyectos reales de manejo caprino, lecherías y queserías de alta tecnología.

Los hornos introducidos funcionaron muy bien con el Atriplex, y significaron aportar el componente de la eficiencia energética al desarrollo de las comunas de la Cuarta Región, constituyendo un aporte para sostener la vida en esas soledades.

Así, en el tiempo, se juntaron dos tecnologías que traían consigo la eficiencia energética: la primera fue la introducción en las desoladas tierras de un extraño arbusto que servia de forraje y de energético a la vez. Las cabras se comen sólo las hojas y la chamiza la bota el arbusto regularmente, con lo que solo hay que cosecharla. La segunda, fueron los hornos eficientes en el consumo de leña, construidos con adobe, barro y tambores de desecho. Estos hornos redujeron notablemente las necesidades de combustible para la cocción de alimentos.

En ambos esfuerzos han sido los comuneros quienes han realizado casi todo el trabajo, conservando de alguna manera, en sus tradiciones y costumbres, esa herencia de sus ancestros españoles.

BIBLIOGRAFÍA Y REFERENCIAS

- Atriplex: CONAF, Corporación Nacional Forestal, Cuarta Región.
- Hornos de barro: "uso eficiente de la leña", P. Serrano, editorial FUCOA, Santa Rosa 83-D, Santiago.
- Diego Alzamora, Comuna de Huentelauquén, Carretera Panamericana Norte. Asociación Nacional de Comuneros.
- "Energía Para el Desarrollo Rural, el Caso de las Comunidades de Coquimbo". J. Sáez, 1986, PRIEN, Universidad de Chile.
- PRIEN: Programa de Investigación de Energía, Facultad de Ciencias Físicas y Matemáticas, Universidad de Chile, Santiago.

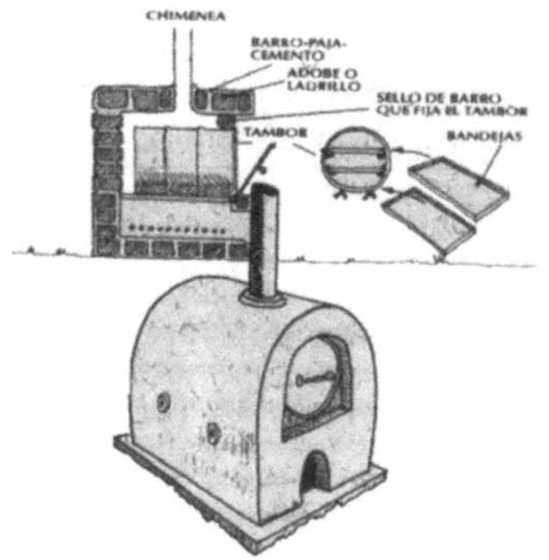

FIG.17: HORNO EFICIENTE DE LEÑA

TILCOCO, "LA QUINTA"

En aquella época, Mario Gálvez estaba a cargo de de la oficina de asuntos juveniles de la municipalidad de Quinta del Tilcoco. Desde allí hacia su trabajo con empeño, mirando a sus superiores con un serrucho intelectual, puesto que confesaba que su vida seria la política y se sentía bien partiendo desde allí.

Por esta razón, yo lo saludaba en broma: "Senador Gálvez, gusto en verlo". Mario miraba sonriendo con los ojos chiquitos, con cara de "ríete no mas, ya vas a ver".

Para los que querían mirar el mapa, Quinta de Tilcoco es un municipio en la zona rural de la sexta región. Allí todo lo importante ocurre en el campo. Tal como esta sucediendo en muchas partes, es el trabajo en las plantaciones de fruta y el embalaje para exportaciones lo que ocupa la mano de obra temporal de los jóvenes de la localidad.

Esto de trabajar por temporadas tiene sus pros y sus contras. Mas de la mitad del año no hay nada que hacer con el tiempo libre, asunto que, por supuesto no sucede, y la juventud del lugar tiene problemas APRA ocupar sus inquietudes. Los caminos de desvió son muchos y fáciles. También trabajar por temporadas hace que la seguridad económica que todos pasen apuros al menos la mitad del año.

Con este problema la tarea de Mario es difícil, lejos de de toda gran ciudad, con la oferta de empleo fijada por las transacciones de la fruta, nada donde estudiar luego de la secundaria y mucho tiempo para mirar pasar todos los días. Los jóvenes de Quinta de Tilcoco emigran o se quedan, y si se quedan, como la mayoría lo hace, existen grandes posibilidades de meterse en líos.

Mario había participado en los primeros cursos de Eficiencia Energética de El Centro El Canelo de Nos, en el área de tecnologías y medio ambiente, iniciándose así en esta nueva disciplina.

Pasado un tiempo, cuando se realizó la primera Escuela Juvenil de Tecnologías Alternativas, con el apoyo de del INJ, Instituto Nacional de la Juventud, Quinta de Tilcoco envió a tres jóvenes para seguir los cursos. Mario Gálvez pensaba así mejorar los equipos locales.

La idea era construir unidades demostrativas para el uso eficiente de la energía, como se había hecho en la comuna se San Antonio a principios de ese mismo año, con los profesores de del lugar y en equipo con la Agrupación de ONGs por el uso Eficiente de la Energía. Se habían afinado las metodologías y se habían escrito libros y cartillas para reforzar el trabajo. El tema de la eficiencia energética estaba comenzando a pernear a los alcaldes y para eso era necesario llegar a los profesores. Existía un pequeño apoyo de la CNE, la Comisión Nacional de Energía, y muchos recursos de las propias ONGs.

La idea de contribuir en Quinta de Tilcoco una unidad de mostrativa para el uso eficiente de la energía, manejada por los jóvenes, daba vueltas en la cabeza de Gálvez hacia algún tiempo, pero, como siempre, faltaban los recursos.

Persistente en sus empeños, Mario se contactó a través del Centro El canelo de Nos con Jaime Parada, encargado de energías no convencionales de la CNE, logró una entrevista y partió con sus inquietudes a la capital.

Para llegar a teatinos120, desde Quinta de Tilcoco, había que atreverse. Allí estaba Mario Gálvez, de terno y corbata, por la transitada vereda izquierda del palacio de la moneda, mirando con envidia y ambición los laberintos del poder.

Comenzó así una gran movida de agentes, autoridades, proyectos, convenios y reuniones de urgencia que terminan con la aprobación del proyecto de Quinta de Tilcoco.

De cómo se consiguió Mario el apoyo de su alcalde, nunca se supo. Tal vez el alcalde con buena visión de gol había visto que el proyecto efectivamente ayudaría a la comuna. El asunto es que el futuro Centro tendría terreno en una parte del Estadio Municipal de Quinta de Tilcoco.

No solo eso. También Mario uso un pitito para conseguir algunos materiales e incluso un maestro para ayudar en las obras básicas. El asunto partía con buen pie.

Empezó entonces un juego de látigo y zanahoria. El plazo era tres meses y era necesario obrar con rapidez. - "Sr. Diputado, ¿habrá su gente terminado de construir las excavaciones para los bancos de barro?".-"Sr. Gobernador ¿Qué $%$% pasa con los radieres para los prototipos?...""-Mario Gálvez bajaba de peso y criaba su ulcera con su equipo. Los muchachos n siempre cumplían. Que el Flaco de había conseguido un pololo y si podía venir, o que el Chico andaba amurrado porque habían peleado la noche anterior, eran parte de la rutina cotidiana. El Mario, por su lado, era bueno para dirigir, y más o menos no más para poner la pala, lo que atraía las críticas del grupo.

La unidad demostrativa que fue planeada en conjunto con el grupo de jóvenes de quinta de Tilcoco. Tendría una sección para demostrar prototipos para manejo de leña, y un banco de barro para construirlos. También habría una sección para mostrar y enseñar sistemas solares simples, para secar cocinar y calentar. Todo esto iría acompañado de cartelones con la información claramente graficada para su función educativa.

Así, el día en que se terminaron los bancos de barro y el radier principal, se levantaron en tres o cuatro embarradas sesiones de construcción educativa, un gran horno mixto tabor para hacer uso eficiente de la leña, una cocina comunitaria apropiada para actividades de cocción en pequeña empresa y una cocina domestica de barro. Todo esto para iniciar la unidad demostrativa para el uso eficiente de la leña, el principal combustible rural.

Se suponía que con este entrenamiento el grupo no solo habría aprendido como volver a hacer los modelos, sino que también podrían explicarlos a las visitas del centro.
Ellos, por su parte, pensaban que el horno serviría para amenizar las mochas de patada y combo al fin del fútbol todos los fines de semana, con empanadas de pino y queso recién

hechitas. Con eso, aparte de ganar plata, cumplirían la función demostrativa del centro en construcción.

Un par de meses después el "Centro Demostrativo de Energías no Convencionales y Uso de la Energía de Quinta de Tilcoco" ya tenían sus primeros techos y radieres, estaban listos los prototipos de manejo de leña y venían en camino los cartelones educativos que explicaban el funcionamiento y destino de todas las cosas que se mostraban. El grupo de jóvenes seguía siendo el dolor de cabeza de Mario y sin embargo las cosas avanzaban bien.

Una cocina solar parabólica y un horno solar de tamaño domestico complementaban los modelos difíciles de fabricar del Centro. Ambos estaban allí puesto que, para la zona, altamente consumidora de leña, existía la posibilidad de uso solar al menos seis meses al año, esto significa una buena situación de, por lo menos, un cincuenta por ciento de de la energía, algo menos que en los soleados territorios del norte, pero que de todas formas aportaría un ahorro importante.

También tuvo su cabida en el Centro de Tilcoco una ingeniosa letrina solar seca, destinada a la sustitución de los insalubres pozos negros, tan comunes en el agro chileno. La letrina, punto de jocoso atractivo apara los habitantes del lugar, podría ser en el futuro una buena solución para los visionarios del saneamiento rural (Fig.18). Su característica principal consiste en la separación de líquidos y sólidos, lo que reduce volúmenes, olores, posibilidades de fermentación y facilita el secado.

Otro tema de alto interés para el lugar fue el secado de productos, ya que, para todos los temporeros y los pequeños parceleros del lugar, los excedentes de fruta podrían dar pie a nuevas microempresas de conservación. Muchos sabían del trabajo, ya que la gran industria conservera del lugar ocupaba también su mano de obra.

El horno de barro llamo la atención de mas de algún parcelero del lugar y de allí nació la idea de hacer una microempresa local para construir hornos a domicilio. El asunto de la microempresa no está muy claro aún. A pesar de tener la experiencia, el grupo se reúne y se dispersa con facilidad, de acuerdo a la oferta de empleo temporal.

También el secado de fruta se probará esta temporada. La posibilidad de secar fruta a mediana escala es interesa algunos parceleros de la zona y los muchachos de la "Quinta", como me llaman ellos a su localidad, están preparados para enfrentar el desafío (Fig.19).

Mario, por su parte, trata de no perderse rodeo ni feria regional en los cuales montar una exhibición itinerante de la exposición. Por moverse no tiene problemas, el asunto difícil hoy día es aglutinar el grupo y, en esto, la situación del empleo temporal tiene mucho que ver.

Así y todo, con visitas de colegios, mochas de fútbol, huéspedes ilustres y parceleros curiosos, la unidad demostrativa de Quinta de Tilcoco lucha por cumplir con su objetivo.

BIBLIOGRAFÍA Y REFERENCIAS

- Agrupación Juvenil de Quinta de Tilcoco, Mario Gálvez, Municipalidad, Asuntos Juveniles, fono: 072-541024, fax 072-541136
- Área de Energías no Convencionales, Comisión Nacional de Energía, Jaime Parada, Teatinos 120, 7° piso, fono: 02-6981757, fax 02-6956404
- Áreas de Energías Alternativas y Medio Ambiente, Corporación El Canelo de Nos, Oscar Núñez, Pedro Serrano, Avenida portales 3020 San Bernardo, fono: 8571943, faz: 02- 8571160.
- Presentación al Primer Encuentro Metropolitano y de la V región sobre educación ambiental no formal. CONAMA-UNICEF-CASA DE LA PAZ, Santiago, 1993.

FIG.18: LETRINA SOLAR SECA ARTESOL LSS07

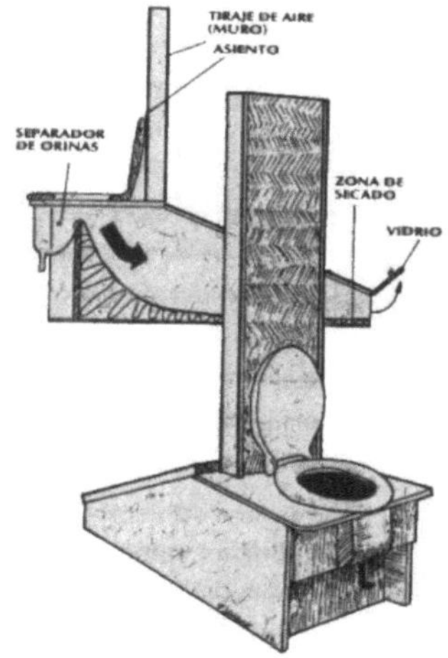

FIG.19: SECADOR SOLAR CANELO PARA 100 KG DE CARGA

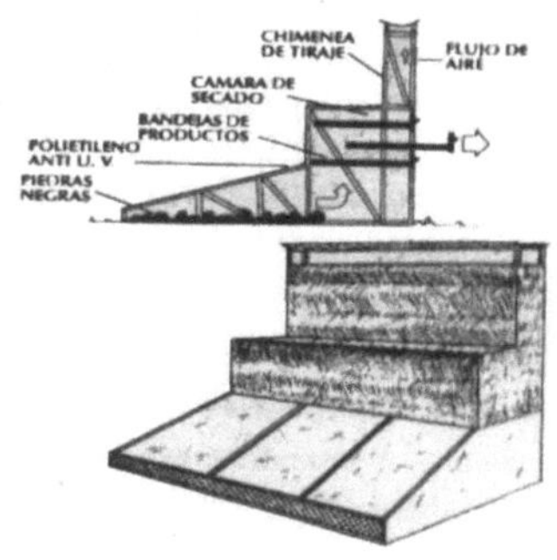

EL SORTEO

"Es una estatal"- le gritaba doña Isidora al paciente don Manuel - "no sé cómo te fui a aguantar que nos metieras en esa cooperativa de viviendas. Nosotros aquí como los (%&$&%)pagando las cuotas mes a mes y ellos dale con entregarles casa a los demás. Yo digo que es una estafa, no nos va a tocar re 'nunca, y tú no dices nada, te quedas allí sentado tan callado en medio de las asambleas. Te juro que a la otra voy a ir yo, ya van a ver…

Don Manuel conocía la cantinela desde hacia mucho y con los oídos mentalmente perforados de lado a lado, se armaba de paciencia sin contestar.

Claro que fue a la asamblea… a la siguiente reunión, doña Isidoro armo tal jaleo que algunos socios hasta se asustaron. El Nelson ortega, ya antiguo en estos trotes, apaciguo los ánimos. Sus años ce circo en PROVICOOP le servirían de mucho, contres mil casas entregadas al año. Estos personajes impacientes eran algo común, difíciles de manejar, pero tratables. Nelson ortega, con su cara de amigo de todo el mundo, estaba a cargo de los programas especiales de la cooperativa. Pasaba con la mente metida en buscar que cosa, de que manera, cuando, como y con que plata, hacer actividades de desarrollo que beneficiarían e incentivarían a los multitudinarios socios de la cooperativa. Nelson, con su escritorio lleno de diarios, tapado de carpetas y papeles de siglos anteriores, sonriente, con anteojos, de cara redonda y rellena, tenía la pinta de todo aquel que ha estado mucho tiempo en escritorios de Santiago, es decir algo gordito y falto a la gimnasia. Siempre de buen humor, soportaba bien las tallas pesadas que solían llegar.

El jefe de Nelson era un personaje. Don Ramón tenía una edad indefinible. Estaba en la Cooperativa como parte del inventario histórico. Seguía allí por el cariño al trabajo y porque su experiencia era a todas luces necesaria. Fumaba unas apestosas pipas de larga duración y, con la voz ronca, fruto del tabaco, hablaba un poco de fuerte, por lo que se deducía que era un poco sordo. Lucia siempre un terno café a rayas con en las películas de la gran secesión y sobre el chaleco que cubría su panza, colgaba la cadena de un lejos de cuerda para bolsillo, que se suponía daba los eclipses y las horas de mareas.

Tenían un proyecto entre manos que les permitiría hacer una pequeña evaluación de calentadores solares de agua en un programa piloto de la Cooperativa. Necesitaban saber que se podía hacer, si existían modelos más baratos porque esas casas que construía la cooperativa eran para los estratos medios. Miraron, registraron, conversaron y se convencieron. Pidieron accesoria para hacer la prueba con algunos pocos casos.

Nelson tenía claro que un programa así debía tener un fuerte componente educativo y que la selección de la familia debía ser lo mas demostrativa posible y estadísticamente aceptable. Don Ramón solo parecía estar interesado en la cantidad y el costo, pero aceptaba la posición de Nelson en el asunto educativo.

Así fue como, con colectores solares de Concón y San Bernardo, se inició un convenio de trabajo entre el Centro El Canelo de Nos e INVICA-PROVICOOP para hacer e programa piloto. Nelson ortega se entusiasmó también con las cocinas brujas y quiso incluirlas en el programa como asunto de libre elección para una de las poblaciones. Incluso se llego a que todas las cocinas de las casas nuevas de una población tuvieran incorporado al mueble un espacio para colocar la cocina bruja.

Aquí falló la "libre elección". Cuando los cooperativistas supieron que, descontando el mueble que venía con la casa, tenían que comprar aparte sus cocinas brujas, quedo la pelotera y al final nadie compró cocinas brujas a pesar de las conferencias, artículos y demostraciones. Hoy en día muchos habitantes de esa población no entienden para qué es ese curioso hueco que hay en el mueble de cocina y que aparente mente no sirve para nada. La experiencia apresurada de las cocinas brujas sirvió para pensar el asunto de los colectores solares para el agua caliente. INVICA-PROVICOOP estaba construyendo, entre otras, tres nuevas poblaciones con dos pisos de casas distintas: cuadripareadas de dos pisos son techumbres de cerchas y pizarreño. En ambas las estructuras eran distintas y había que probar con las fijaciones de los dos aparatos solares.

Las poblaciones en pajaritos, en la salida oeste de Santiago; en Florida, por Vicuña Mackenna, y en San Bernardo. Distintas ubicaciones, distintas familias, distintas casas. Había que testear la tecnología en todas las situaciones.

Elegir las familias para realizar la experiencia requería de sumo cuidado, puesto que, si el asunto no resultaba, las familias tenían que estar preparadas e informadas de todas las condiciones. Significaban plena colaboración de la familia para someterse a test, encuestas, y realizar trabajos de mantención mínimos de los equipos. Si el asunto resultaba, el lío estaría en el resto de las familias de la misma población, que iban a alegar por que a ellos si y a otros no.

Nelson Ortega se dio el trabajo de explicar en las respectivas asambleas de asignatarios el asunto de los colectores colares, tuvo que los costos corrían por parte de la cooperativa y la importancia que esto tenía para el futuro de la cooperativa y las casas del año dos mil, que la energía solar, la ecología, el uso de eficiente y etc., etc. En resumen, vender la pomada a los grupos desconfiados, que en materia de vivienda siempre están pensando por donde los van a hacer lesos y son de un escepticismo total.

Primero se pidió voluntarios para enfrentar su casa nueva con un artefacto en el techo, no soñado ni planificado. A partir de los voluntarios, que los hubo, se planteo entonces un sorteo. El premio por supuesto era ser elegido conejillo de indias en aras de la energía solar y el incentivo de era que los sorteados quedaban en posesión de los colectores colocados sobre sus casas.

Lo de la instalación era un punto de crítico, puesto que las viviendas estaban construidas y nadie había pensado jamás que esas casas tendrían un colector solar en el techo. Por lo tanto, ni los techos estaban orientados para donde era solamente necesario ni había conexión de cañería a alguna entre el techo y las llaves del agua fría, la ducha o la cocina.

Incorporar esta información a los futuros diseños era parte de lo esperado. Así los colectores formarían e el futuro parte de la arquitectura y no serian cototos en el techo de la casa, como estos que proyectábamos.

Esto significa que el afortunado sorteado debía soportar, además, que le aportillaran su casa nuevecita y recién entregada para colocar cañerías y llaves por allí donde nunca había sido planificado.

Así y todo, los voluntarios estaban entusiasmados. Y ahora viene lo mejor: Don Manuel, calladito ¡y todo, bueno para la tele, estaba entre los voluntarios, mas encima, salió sorteado. Y para peor, doña Isidoro no sabía nada del sorteo ni de la elección de voluntarios. Desde luego, en la casa de Don Manuel no recibió precisamente felicitaciones de parte de Doña Isidora, cuando supo la noticia del sorteo ganado sin opción de arrepentimiento.

Se inició la producción de los prototipos y las reuniones de informaciones con la gente. Los seis sorteados, dos distintos en cada población, se mostraban muy bien dispuestos a cooperar, a excepción de doña Isidoro, que inició el ciclo de charlas:" ¿Y que pasa cuando este nublado?".

Doña Isidoro quería agua –caliente, que se pudiera usar también el calefón, que no me vayan a romper el techo, que avisen, cuando van a ir a colocarlo para estar allí, que no le ensucien la casa que los instaladores tenían que ser de confianza, que por que eran distintos los colectores solares de los vecino, que por que solo dos en cada población, que si se pagaba por tener colector en casa que si podía devolverlo si no le gustaba, que el color, que la mantención y la garantía y planteo el final su queja por que su marido se metió en ese lió sin preguntarle a ella.

En realidad, todas sus preguntas merecían ser respondidas. Los colectores eran solares, por lo tanto, que tan caliente estuviese el agua dependería de la cantidad de calidad del sol recibido; que, en días despejados, fuesen de invierno verano, el agua era caliente-caliente y que, de esos días, santiago tenia mas de doscientos al año. Que los días nublados calentaban menos y si estaba lloviendo no pasaba nada. Que el resto de los días podía usar su calefón, puesto que la instalación seria a tres llaves, es decir, fría, caliente calefón y caliente solar, puesto que una de las cosas que nos interesaban saber y medir la economía comparada de gas. Que los techos, según los cálculos, aguantaban de más y que de todas maneras se avisaría el día de la instalación en aquellas casas que ya estaban ocupadas y que era indispensable que hubiese presente un apersona responsable de la casa. Que los instaladores eran técnicos del Canelo, limpios y de confianza, Que se estaban probando dos modelos por población para poder comparar. Que no se pagaba por cooperar con la experiencia y que, si quería devolverlo que lo hiciera ahora, no cuando estuviese instalado. Que las maquinas eran de color blanco y que, si quería que lo pintara con florcitas por todos lados, menos en el vidrio. Que la garantía por la instalación era por un año y que nadie tenia idea de por que su marido postulado y que eso era problema de ella y don Manuel, que tendrían que resolverlo juntos" … (Fig.20 y 21).

Doña Isidora ya estaba preguntando por que la Cooperativa se dedicaba a hacer las casas en vez de estarse metiendo en esas rarezas, cuando apareció salvador el Nelson con té y pastelitos.

Un mes después, construidos, revisados y probados todos los colectores en El Canelo, se comenzaron las instalaciones en las tres poblaciones. Fue necesario construir una escalera de dos secciones para poder subir lo colectores solares a las casas de dos pisos. En las casas de un piso, como el techo estaba justo para donde no debía, hubo que hacerles un "encantrado" para suplir los desniveles. Subir a los techos los colectores era toda una función de cuerdas, esfuerzos y cuidados para no romper los pizarreños; fijarlos era otro lió, puesto que los techos no estaban pensados para ponerles nada encima.

Por supuesto que Doña Isidora estaba esperando la llegada de los instaladores. Daniel y Víctor llegaron en bicicleta con todas las herramientas para armar las tuberías y fittings, que ya estaban en las casas. Doña Isidora, que nunca había tenido techo propio y llevaba años esperando su casa, casi se murió cuando el Daniel se puso a picar la muralla del baño para pasar las cañerías. No se despego de ellos ni s sol ni a sombra t el interrogatorio alcanzo para toda la tarde que duró la instalación.

Así y todo, se terminó a tiempo y cada familia, en la sesión de explicaciones final, recibió un libro de energía solar para instruírselos colectores quedaron conectados a las cocinas y los baños con llaves especiales y cañerías expuestas de p.v.c. se echaron a andar todos en los mismos días, que por fortuna tuvieron sol radiante y los artefactos empezaron a asombrar a sus usuarios.

Cuatro veces llamó doña Isidora: por que tenía una gotera, porque había un ruidito extraño en las cañerías, porque la llave del baño había quedado chueca y porque la ventana del baño cerraba mal después de la destrucción que le habían hecho para pasar esas cañerías tan feas.

Las cuatro veces partieron Víctor y Daniel-entre divertidos y resignados- a resolver la situación.

La "marcha blanca" o rodaje de los colectores duro un mes; a partir de entonces la gente se dedico a vivirlos, conocerlos, comprenderlos y encontrarles el ritmo de uso. Esto ultimo era muy importante, puesto que cada familia, de acuerdo con sus costumbres, debía manejarla disponibilidad de sol, para si aprovechar al máximo sus calentadores solares de agua.

Se entrego a la hija o el hijo mayor de cada familia la responsabilidad de llevar una bitácora de observación de los colectores, con el fin de de acumular la mayor cantidad posible de antecedentes. Transcurridos seis meses se hizo una encuesta de evaluación para entregar un `primer informe sobre los resultados.

La evaluación fue mejor de lo esperado. La gente realmente empezaba a querer sus colectores solares:

-Todos habían comprendido que la energía solar era bastante distinta del balón de gas o del enchufe; había que conocer la situación del día, estar en contacto con el sol para decidir su uso.

-Utilizar agua caliente solar en la cocina era algo verdaderamente económico, si se usa bien; tal vez mas que en las duchas.

-La única manutención que había que realizar era limpiar el vidrio del colector cada cierto tiempo y esto variaba según la población y según la altura de las casas.

-Los colectores de estanque se calentaban más y llegaban más rápido a temperaturas de uso, pero se enfriaban durante la noche.

-Los colectores tipo termosifón eran mas lentos y menos calentadores en uso continuo. Si no se usaban por algunas horas llegaban a altas temperaturas de uso, podían guardar mejor el agua caliente para el otro día y resto era bien valorado.

-El hecho de tener colector solar era un motivo de de curiosidad para las visitas y vecinos que venían a "tocar el agua" y, por supuesto, tener uno en casa generaba un cierto status en la población.

--Todos detectaban un gasto menor de gas cercano al cincuenta por ciento de lo habitual, asunto que era mucho mayor en verano.

-Según la cooperativa, este estudio permitiría hacer una sugerencia a la ley de subsidio habitacional para ver si era posible financiarlas veinticinco U.F. que cuesta un equipo de cien litros, en forma parcial por veinte años. Eso haría factible una masificación del proyecto todavía no pasa nada.

-Doña Isidora, que se había quemado los dedos el primer día con el agua caliente solar, nos dijo sonriente que estaba muy contenta con su colector solar, que, a pesar del color, se había acostumbrado a el y que por nada del mundo lo sacaría de allí. También agradecía al callado don Manuel por haberse colado en esta locura.

BIBLIOGRAFÍA Y REFERENCIAS

- "Energía Solar Para todos", Libro de texto, P. Serrano, 150pags., ilustrado editado por ARTESOL, 1991.
- Como hacer: "Artefactos Solares Simples", 3ª edición. P. Serrano, 130,., ilustrado, editado por FUCOA, 1992.
- INVICA-PROVICOOP, Erasmo Escala 1835, Nelson Ortega, fono 02-6994147, fax: 02-6967822.
- Diseño y Producción Colector Solar Tipo Estanque: ARTESOL, fono: 032- 812137, fax: 02- 6967822
- Diseño y Producción Colector Solar Compacto: Oscar Núñez, Centro El Canelo de Nos, fono: 02- 8571943, fax: 02- 8571160.

FIG.20: COLECTOR TIPO ESTANMQUE ES100 ARTESOL

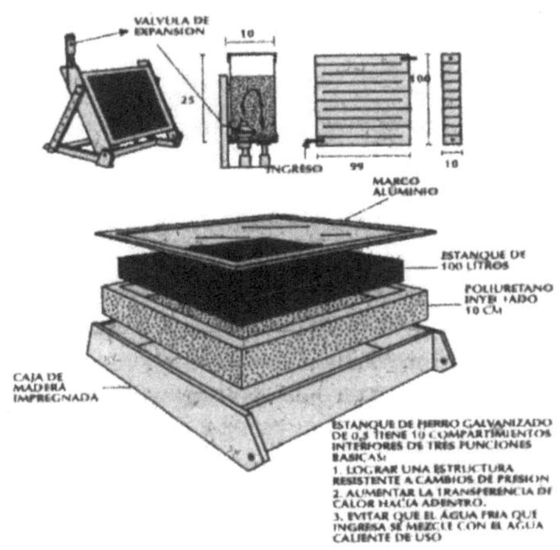

FIG.21: COLECTOR COMPACTO TIPO CANELO

Los hermanos y el bosque

(Debido a que el autor no tenía entre sus recuentos una historia real en este tema, que aparece hoy tan importante, decidió incluir este cuento que escribió hace algún tiempo)

Había una vez dos hermanos que al morir su madre heredaron la tierra donde se habían criado. Por deseo expreso de la madre, dicha tierra se dividió en dos partes exactamente iguales una parte para cada hermano. Los hermanos se llamaban Antonio y Raquel. Si no fuera porque el uno era hombre y la otra mujer, uno habría pensado que eran gemelas o gemelos, tan parecidos eran. Parecidos en apariencia, puesto que lo sucedido don los hermanos y su herencia fue algo totalmente distinto para cada uno.

Resulta que la herencia que recibió cada hermano consistió en tierras cuya principal cualidad era que estaban cubiertas de un hermoso y milenario bosque. Ambos terrenos eran de igual dimensión y estaban tan tupidos que solo eran transitables por senderos que costo mucho hacer, quizás cuanto tiempo atrás.

Cada hermano recibió, además, la mitad de los animalitos de corral y una casita igual para cada uno, colocada a los pies de cada bosque; así de preocupados había sido la madre antes de morir.

Antonio y Raquel ocuparon sus casitas y se pusieron a vivir como siempre habían vivido, cultivando el suelo, criando animales y haciendo todas aquellas que su madre les había enseñado para poder vivir felices.

No paso mucho tiempo, cuando Antonio y Raquel recibieron la extraña visita de personas de la cuidad. Estas llegaron en un moderno vehiculo y se bajaron muy bien vestidos, para conversar con cada hermano en su casita y por separado.

En nombre del sagrado mercado, el desarrollo, el progreso de la patria y muchas cosas más, le ofrecieron a cada hermano una considerable cantidad de dinero por el derecho de cortar el bosque que estaba en sus terrenos.

Los hermanos sabían que su madre nunca había querido sabían que su madre nunca había querido vender el bosque, puesto que ella pensaba que una cosa tan grande, antigua y tan bella, no podía tener dueño humano, por muchos papeles que ella tuviese. A pesar de de ello, los hermanos tuvieron diferentes respuestas y esto fue lo que desencadeno esta historia.

Antonio, deslumbrado por la cantidad de dinero ofrecida, calculó que con largueza esta significaba como dos veces todo el dinero que podría ganar durante toda su vida, trabajado en el campo de cualquier lugar. Sin pensarlo mucho mas, Antonio accedió al negocio y partió a la ciudad con los compradores. Firmo cuanto papel le pidieron para concretar la venta.

Feliz volvió Antonio de la ciudad, con un maletín lleno de dinero que se dedico toda la noche a contemplar como si viviese un cuento de hadas. Sin trabajarle un día a nadie, se dijo, había ganado todo el dinero que necesitaría para el resto de su vida.

Raquel, por su parte, siguió fiel a los deseos de su madre y se negó rotundamente a realizar ningún negocio con tan extraña gente, a pesar de todas las razones, presiones y amenazas que finalmente recibió por parte de los compradores. Raquel miraba al bosque de su infancia don la misma mirada que tenia su madre y pensaba que algo si, como su bosque, no podía tener precio ni dueño.

Sucedió con el tiempo que, terminadas las negociaciones, apareció en el campo de Antonio, como por arte de magia, toda una gran estructura de gentes, maquinas, camiones, motosierras, ruidos, gritos, y actividad, quien menos de de una semana dejaron el campo de Antonio absolutamente pelado, puesto que hasta el aserrín se llevaron.

Quien hubiese visto el lugar antes no podría suponer que allí, en esas tierras, hubiese existido un milenario y frondoso bosque de especies nativas.

Pasada la primera impresión, Antonio se conformo mirando y acariciando el montón de dinero que tenía en sus manos, sin embargo, cada vez que miraba por la ventana hacia donde había estaba el bosque, una sensación de soledad y tristeza le invadía profundamente. Decidió que lo mejor era invertir rápidamente el dinero e intentar cultivar algo en el yermo peladero que había dejado la empresa maderera en sus tierras.

Pero las aventuras y desventuras de Antonio no hacían más que comenzar. Alguien en la cuidad corrió la voz de que Antonio tenia una enorme cantidad de dinero sin invertir, con el cual una verdadera lluvia de vendedores, sinvergüenzas, estafadores y piratas se dejaron caer en su casa ofreciendo lo inverosímil, lo ultimo en comodidad, status y progreso a un aturdido Antonio, que fue incapaz de de decir que no a los convincentes argumentos.

Al final de la semana, Antonio se encontraba inexplicablemente casado con una mujer de la ciudad, que lo convenció y deslumbro rápidamente, mas que seguro atraída por los restos de su fortuna.

Raquel asistía espantada a los dramáticos cambios en la vida de su hermano y al lamentable estado en había quedado su tierra.

Miles de pájaros, conejos, ardillas, culebras, ratoncillos, insectos, gatos salvajes y hasta lombrices, habían emigrado en estampida desde el bosque de su hermano para refugiarse en el bosque de su tierra. El sobrepoblamiento de la mitad del bosque restante fue acogido con filosofía y solidaridad por los habitantes estables, con lo que se duplicaron la algarabía y la actividad en las tierras de Raquel.

Raquel, como toda la gente de aquellos lugares, utilizaba la leña para cocinar y calentar. Sin embargo, sabía hacerlo con cuidado y respeto. Solo recogía aquellas ramas que caían desde lo alto, cosechando o indispensable para su uso (Fig.22). sí alguna vez era necesario obtener alguna madera para su casa ella misma, tal como le había enseñado su madre, elegía de donde tomarla, seleccionando entre aquellos árboles demasiado juntos, aquellos caídos y siempre pensando en reponer con nuevas plantas aquellas que sacaba.

Antonio, por su parte, se puso a sembrar su tierra con un crédito que pidió al banco local, hipotecando su cosecha. Trabajo duro un par de meses, hasta que vinieron las primeras lluvias. El agua de las lluvias se encontró con un suelo en pendiente sin ninguna protección de vegetales que lo afirmara y sin preguntar nada, capa tras capa, arrastro la fina alfombra de tierra fértil que había quedado luego del paso de la maderera. Con la tierra se fueron las plantitas que recién estaban creciendo, se fueron el trabajo y el crédito del banco. Antonio quedo sumido en la mas grande desesperación de su vida. La mujer de Antonio de fue para siempre, llevándose cuanto pudo al ver que la nave se hundía. Tanta tragedia junta habría sido imposible de imaginar solamente u año atrás y Antonio hizo el último esfuerzo para salir adelante: pidió un nuevo crédito al banco, esta vez contra la hipoteca de toda su tierra, para comparar fertilizantes artificiales, agroquímicos y todo lo que la sección agrícola del banco le ofreció como la panacea para las tierras infértiles.

Con mucho trabajo Antonio aró sobre el duro suelo, sembró sus semillas, coloco los fertilizantes y espero que la naturaleza hiciera su trabajo. Un día en que las plantitas estaban ya grandes, apareció una plaga de insectos que comenzó a comerle las hojitas. Antonio cubrió su plantación con tóxicos pesticidas y los insectos se fueron. Pero volvió una plaga más fuerte y Antonio recurrió a químicos aún más potentes.

Antonio en lo feliz que habría sido en sus tierras si hubiesen quedado pájaros alrededor, pájaros que fuesen capaces de comer los insectos, y sus larvas, cosa que en la naturaleza normalmente ocurría así hace miles de años. Mas los pájaros se habían ido porque en toda su tierra no había un mísero árbol donde anidar.

Para la época de la cosecha, las plantas estaban tan maltratadas por los insectos, y tan incomibles por los plaguicidas tóxicos, que Antonio tuvo que elegir entre la cárcel o pagarle al banco con sus tierras.

Fue así como, dos años después de haber vendido su bosque a la empresa maderera, Antonio llego a las puertas de la casa de de su hermana, humillado y con las manos vacías.

Raquel lo acogió. Lo consoló y lo invito a vivir en sus tierras, con la única misión de hacer de guarda bosques, proteger a los árboles de las amenazas cada vez más cercanas de la ciudad, recuperar y multiplicar aquellos árboles que fuesen necesarios. Para esto, los dos hermanos construyeron un pequeño invernadero para aprovechar la energía solar en la crianza de plantitas de especies nativas, las mas difíciles de criar y las mas lentas en crecer (Fig.23)

De paso Raquel, en los momentos de descanso, le explicaba a Antonio por que el bosque era tan importante, mostrándole a cada paso por que cada cosa, cada piedra, cada animalito, cada mota de polen que llevaba el viento, tenia su lugar y su función en este vivo que era el bosque.

Le dijo por ejemplo que cada una de los millones de hojitas que había en el bosque era capaz de de captar la luz solar para transformar el aire contaminado por maquinas y pulmones, en un aire nuevo limpio y lleno de oxígeno.

Le explicó que cada centímetro de suelo fértil que cubría el bosque, era el producto de la actividad de todos los bichitos que allí vivían, generación tras generación, por cientos de años; que tal vez los resultados de miles de años de trabajo habían sido arrastrados por las lluvias desde su ahora desprotegida tierra.

Le mostró que, bajo el suelo, en la superficie, en los árboles y el aire, vivían millones de de criaturas grandes y pequeñitas, que tenían tal bosque por hogar, pero que mas que eso, formaban con el bosque una entidad única, tan única como el cuerpo de Antonio o de Raquel. Finalmente llego a convencer a Antonio que el bosque no era un montón de de animales y vegetales, sino que el bosque en si era un inmenso ser vivo del cual incluso entre ellos dos, pequeñitos allá abajo, formaban parte y no eran algo separado del total.

Antonio, lentamente en un principio y rápidamente después, se fue dando cuenta de la gran verdad: que cualquier cosa que le hiciese al bosque, a si mismo se la estaba haciendo, por que el era parte del bosque mismo. Es mas, el bosque viviría tal vez miles e años mas que el y sería probablemente el cobijo, la vida, el sustento y la libertad de sus hijos, sus nietos y sus tataranietos…

BIBLIOGRAFÍA Y REFERENCIAS

- "Cuentos de de la Abuela Leviante", P. Serrano, 19993, s/ed.
- "Uso Eficiente de la Leña", P. Serrano, ed. FUCOA, 1993.
- "Flora Silvestre Chilena Zona Araucana" Adriana Hoffmann. Editoral Fundacin Claudio Gay, 1982.

FIG.23: PEQUEÑO INVERNADERO EXCAVADO

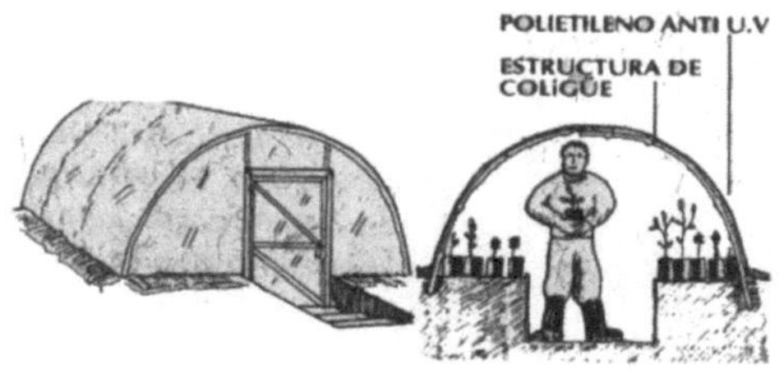

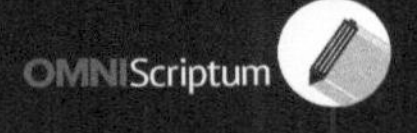

MIX
Papier aus verantwortungsvollen Quellen
Paper from responsible sources
FSC® C105338

Printed by Books on Demand GmbH, Norderstedt / Germany